辽宁省科学技术计划项目 博士启动基金 项目编号：20141129

网络控制系统与控制策略

于晓明 著

化学工业出版社
·北京·

内容简介

本书结合当今控制领域的研究热点，讲解了复杂系统的分层结构、计算机网络控制的基本原理和系统概貌、实时控制程序的设计方法，以及网络控制系统的实施方法。内容包括网络控制系统基础知识、网络传输延时、网络控制系统的稳定性分析与镇定策略、基于模型参考自适应的无刷直流电机网络控制传动系统、基于动态规划的网络控制系统最优状态反馈控制策略。

本书可作为高等院校控制理论与控制工程、系统工程、检测与自动化、通信工程、信息与计算科学、运筹学与控制论、计算机应用技术等相关专业的高年级本科生和研究生的专业参考书，也可供高等院校与科研院所从事网络控制系统研究的教师和科研人员参考。

图书在版编目（CIP）数据

网络控制系统与控制策略/于晓明著. —北京：化学工业出版社，2021.10（2022.11重印）

ISBN 978-7-122-39776-8

Ⅰ.①网… Ⅱ.①于… Ⅲ.①计算机网络-自动控制系统 Ⅳ.①TP273

中国版本图书馆CIP数据核字（2021）第169449号

责任编辑：王　烨　　文字编辑：袁　宁

责任校对：王　静　　装帧设计：刘丽华

出版发行：化学工业出版社（北京市东城区青年湖南街13号　邮政编码100011）

印　　装：北京七彩京通数码快印有限公司

710mm×1000mm　1/16　印张8½　字数134千字　2022年11月北京第1版第4次印刷

购书咨询：010-64518888　　售后服务：010-64518899

网　　址：http://www.cip.com.cn

凡购买本书，如有缺损质量问题，本社销售中心负责调换。

定　　价：68.00元

前 言

近年来，网络控制系统已在国防、工业控制和医学等领域中获得了广泛的应用，同时，也成为控制理论学术界的研究热点之一，并取得了一定的研究成果。与传统的点对点控制系统相比，网络控制系统具有以下主要优点：能方便地利用网络资源实现信息资源共享；能进行远程监测与远程控制；增强了控制系统的灵活性，减少了系统的布线，降低投资；易于扩展，具有更广泛的开放性；网络控制系统更容易和管理系统统一为管控系统。网络控制系统虽然具有以上突出的优点，但由于在控制系统闭环中引入了通信网络，造成了传感器信号和控制信号传输过程中存在不确定、时变和随机的网络传输延时，故也存在许多有挑战性的问题，迫切需要研究解决。

本书通过对大量网络传输延时的实测数据进行统计分析，了解网络传输延时的特性。介绍了 3 种常用的网络传输延时建模方法。同时，对应用较广的网络传输延时线性神经网络预测算法进行了仿真研究。

在合理假设的条件下，将具有随机、有界网络传输延时的网络控制系统建模为时变时滞的离散时滞控制系统；利用 Lyapunov-Krasovskii 定理推导出具有线性矩阵不等式形式的状态反馈和输出反馈闭环网络控制系统渐近稳定和 H_∞ 稳定的充分条件；在此基础上，通过矩阵变换，将状态反馈闭环网络控制系统的稳定性充分条件转换成能使状态反馈闭环系统渐近稳定和 H_∞ 稳定的控制器的设计方法。在矩阵不等式的推导过程中，选择了合理的零等式，获取了需要的上限约束技术，并通过带约束的自由权矩阵来消除计算 Lyapunov 泛函的差分时产生的求和项，虽然增加了自由权矩阵的个数，但是，明显改善了计算结果的保守性，取得了更好的控制效果。

本书还探讨了自适应控制算法在无刷直流电机网络调速系统中的应用。通过一阶 Pade 方法，将网络传输延时环节转换为惯性环节，从而得到无刷直流电机网络调速系统的近似线性数学模型；采用比较成熟的 Narendra 模型参考自适应控制策略设计控制器；针对网络控制系统中随机、时变的网络信息传输延时，使用带有时间戳的线性神经网络进行在线预测，实时地获得当前采样周期的网络传输延时预测值。从而，在每一个网络传输延时不同的采样周期内，都能得到近似的线性数学模型。最后，采用对象模型已知的模型参考自适应控制方法，进行了反馈控制器的设计。仿真表明，模型参考自适应控制策略在无刷直流电机闭环网络控制系统中可以取得良好的控制效果。

本书探讨并给出了基于动态规划的网络控制系统最优状态反馈控制器的设计方法。为了解决网络传输延时的不确定性和时变性，本书给出了两种基于动态规划的最优状态反馈控制器设计方法。第一种方法的主要特点是：执行器节点采用时间驱动方式，控制信号到达执行器以后，执行器节点不会立刻动作，而是需要等到统一设定的执行器动作时间再动作。统一设定的执行器动作时间为$\tau \in \{\max[\tau(k)], h\}$。为了实现执行器节点事件驱动机制，需要在执行器节点引入储存控制信号的缓冲器，用以存储到达执行器节点的控制信号。这种方法可以将不确定、时变的网络传输延时变换成确定性的网络传输延时处理，能使基于动态规划的最优状态反馈矩阵进行离线计算，简化了反馈控制器的设计，降低了对控制器硬件的要求。但是由于人为地加大了网络传输延时，这种设计方法使控制系统在稳定性分析和系统设计上都显得过于保守。而且这种方法需要通过实验权衡执行器动作时间τ的设定，以同时满足控制系统的动态性能和稳态性能。第二种方法的主要特点是：引入带有时间戳的线性神经网络，在每一个采样周期内，对网络传输延时进行在线实时预测，并应用网络传输延时的预测值进行参数矩阵和最优状态反馈矩阵的在线实时计算。这种控制方法使系统能同时具有较高的稳态控制精度和较好的动态响应特性，但是计算量较大，对硬件要求高。寻求速度更快的算法是今后重要的研究任务。最后，对上述两种控制策略，给出了仿真实验结果，以验证其可行性和优越性。

本书广泛借鉴国内外相关研究，重点突出，适合涉及控制论相关领域的专家学者和从业人员参考阅读。

本书由辽东学院于晓明著。由于水平所限，不妥之处敬请广大专家和各位同行批评指正。

著者

目 录

第1章 绪论

1.1 网络控制系统的发展历史

1.1.1 自动控制理论的发展历史

公元前4世纪，希腊学者柏拉图（Plato，约公元前427—公元前347）首先使用了“控制论”一词。之后，直到公元1788年，才由英国发明家瓦特（J. Watt，1736—1819）运用反馈原理设计出能够实际应用于蒸汽机的离心式飞锤调速器。其结构如图1.1所示。运行中的蒸汽机通过适当的机构连接和齿轮啮合，将蒸汽机的往复运动同步到飞锤的旋转运动中，二者的运动速度保持同步。当蒸汽机运动速度过快时，飞锤的旋转速度也将相应加快，导致飞锤的离心力变大，飞锤向下拉动机构，使飞锤连接的杠杆向下运动，带动蒸汽机的进气阀门机构动作，减小蒸汽量进入汽缸，达到蒸汽机速度下降的目的；反之，当蒸汽机运动速度过慢时，飞锤的旋转速度也将相应减慢，导致飞锤的离心力变小，飞锤向上推动机构，使飞锤连接的杠杆向上运动，带动蒸汽机的进气阀门机构动作，加大蒸汽量进入汽缸，达到蒸汽机速度上升的目的。依照这样的原理，蒸汽机的速度可以成功控制在一定的范围内。

离心式飞锤调速器是一次成功的工程应用，然而，瓦特并没有对其进行细致的数学分析和研究，没有将其上升到理论层面。直到1868年，著名英国数学家、物理学家麦克斯韦（J. C. Maxwell，1831—1879）才首次对反馈控制系统的稳定性进行了严格的数学分析，并将研究结果发表在论文“On governors”中。从

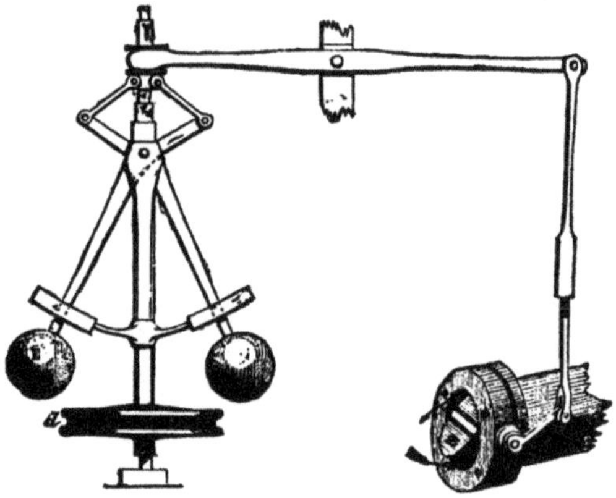

图 1.1 离心式飞锤调速器结构图

此，数学正式成为控制理论学科的“官方语言”，论文“On governors”的发表标志着控制学科理论研究的开始。之后，在 19 世纪末 20 世纪初，英国数学家劳斯（E. J. Routh，1831—1907）、德国数学家胡尔维茨（A. Hurwitz，1859—1919）和俄国数学家李雅普诺夫（Aleksandr Mikhailovich Lyapunov，1857—1918）都对力学中的运动稳定性理论进行了深入的研究。

1877 年，劳斯在以“运动稳定性”为主题的 Adams Prize 竞赛中发表论文“A treatise on the stability of motion”，该论文将当时各种有关稳定性的结论统一起来，开始建立有关动态稳定性的系统理论，其成果被称为劳斯判据。同一时期，胡尔维茨在控制理论稳定性研究上提出了著名的胡尔维茨定理，指出多项式的根与系统稳定性的关系。劳斯和胡尔维茨的工作在本质上相似，由于二者分别单独完成，成果后来被总结为劳斯-胡尔维茨判据，该判据能够仅仅利用特征方程的系数来判断高阶系统的稳定性，而不需要对其进行求解，为工程应用提供了很大的便利。

1892 年，李雅普诺夫发表了在数学史上、控制理论历史上都具有深远意义的博士论文“The general problem of the stability of motion”。在论文中他开创性地提出了求解非线性常微分方程的李雅普诺夫函数法，亦称直接法。该方法把李雅普诺夫函数的存在性作为常微分方程解的稳定性的充分条件。这个方法具有显而易见的几何含义，易于为实际和理论工作者所掌握，从而在科学研究和工程实践的许多领域中得到广泛的应用和发展，并奠定了常微分方程稳定性理论的基础，也是解决常微分方程稳定性问题最重要的手段之一。从动态系统稳定性研究发展可以看出，早期的控制理论的研究就是对常微分方程稳定性的研究，是纯粹的数学问题，而非工程问题。

在麦克斯韦发表“On governors”的同一时期，电作为一种新的工业能源刚刚崭露头角，开始逐渐进入了工业生产领域。在电大规模进入工业生产领域之前，是蒸汽机大行其道的年代。蒸汽时代，实际应用于实践的自动控制系统比较少，因为，工业界尚不具备大规模使用自动控制系统的基本条件。当时的大部分控制系统是手动控制系统，系统的设计和使用都很复杂，特别是设计，设计一种新的控制系统往往需要如瓦特般的奇思妙想和高超的工艺技巧。而且，由于测量机构和执行机构比较粗糙，当时的控制系统往往难以实现优良的控制效果。电的出现，对于自动控制系统的发展具有非凡的意义。电出现以后，各种各样的传感器都能统一以电信号的形式对各种物理量的测量结果进行准确输出，为控制信号计算提供坚实基础，有效提高控制性能；继电器、电动机等用电执行设备、执行机构陆续被发明并获得普及，使控制系统有了更广泛的应用场景。控制器接收传感器的电信号，控制器送给执行器的也是电信号，控制器可以灵活地依靠电路对电信号进行处理，实现各种控制算法。到后来计算机引入控制系统以后，控制算法的实现更加方便灵活，任意复杂算法的实现也变得相当容易和可行。

与许多工程领域相同，自动控制系统的科学研究也是因工程应用产生并随着工程应用的发展而深入的，其目的是为工程应用服务，解决工程应用中的问题，理论研究不是凭空出现的。有了电这一方便的能源和信号形式，在20世纪40年代前后，众多数学家与工程师完成了各自的代表性工作，发表了研究成果。自动控制系统工程应用取得了长足的进步，相应地，自动控制系统的研究也进入了新的纪元。

美国贝尔实验室的工程师奈奎斯特（Harry Nyquist，1889—1976）在反馈放大器稳定性方面做出了很大的贡献。1932年，他在《贝尔系统技术》期刊上发表了著名论文“影响电报传输速度的因素”，在论文中奈奎斯特提出了后来被称为奈奎斯特图的图形化方法，用来判断动态系统的稳定性。该方法只需检查对应开环系统的奈奎斯特图，可以不必准确计算闭环或开环系统的零极点就可以使用，这一特性使其可以广泛应用在电子和控制工程以及其他领域中，用以设计、分析反馈系统，大大减少了一线工程师的工作量。

奈奎斯特的同事波德（Hendrik Wade Bode，1905—1982）进一步研究了通信系统的频域方法。1945 年，波德在新书 *Network analysis and feedback amplifier design* 中提出了频域响应的对数坐标图描述方法，这种图后来被称为波德图（Bode Plots）。波德图的图形和系统的增益，极点、零点的个数及位置有关，只要知道系统的相关参数，配合简单的计算就可以画出近似的波德图。由于其简便易行，在工程上获得了广泛的应用。

1948 年，美国科学家伊文思（Walter R. Evans，1920—1999）在论文“控制系统的图解分析”中提出了一种后来被称为根轨迹法的图解方法，用来分析和设计线性定常控制系统。根轨迹是开环系统某一参数从零变到无穷时，闭环系统特征方程式的根在 s 平面上变化的轨迹。根轨迹是分析和设计线性定常控制系统的图解方法，使用十分简便，特别在进行多回路系统的分析时，应用根轨迹法比用其他方法更为方便，因此在控制系统的分析与设计工程实践中获得了广泛应用。

1948 年，美国数学家、控制学家维纳（N. Wiener，1894—1964）出版了 *Cybernetics*：*or control and communication in the animal and the machine* 一书。维纳总结梳理了之前控制学科的相关工作，在书中详细论述了控制理论研究的一般方法，这一控制学科经典著作的诞生宣告了作为科学重要分支的古典控制理论（也称经典控制理论）的建立。

古典控制理论主要用于解决单变量反馈控制系统中系统稳定性的分析与控制器的设计问题。古典控制理论肇始于瓦特的飞锤调节器设计，麦克斯韦将这种巧妙的工程设计理论化，开辟了用数学研究自动控制系统的途径。劳斯和胡尔维茨各自在动态系统稳定性上所做的工作，是古典控制理论时域分析最重要的结论，基本上满足了 20 世纪初期控制领域工程师对工程的工作需求。奈奎斯特在频域内的卓越成果为具有高质量动态性能和静态准确度的控制系统提供了优秀的分析设计工具。伊文思补齐了古典控制理论的最后一块拼图，提出了复数域内的根轨迹法。最后，维纳系统总结归纳了之前众多科学家和工程师的工作成果，形成了古典控制理论的最终图景。

以传递函数作为描述系统的数学模型，以时域分析法、根轨迹法和频域分析法为主要分析设计工具，构成了古典控制理论的基本框架。到 20 世纪 50 年代，古典控制理论发展到相当成熟的地步，形成了相对完整的理论体系，为指导当时的控制工程实践发挥了极大的作用。从20世纪40年代到20世纪50年代，古典控制理论的发展与应用使整个世界的科技水平出现了巨大的飞跃，提升了工业、农业、交通运输与国防建设等各个领域的自动化水平。特别是在第二次世界大战中，由于军事上的迫切需要，雷达系统及火力控制系统急需自动控制理论的工程指导，这在极大程度上促进了古典控制理论的发展和应用。同时，古典控制理论也对军事需要做出了响应，为其提供了巨大帮助。

1954年，美国学者贝尔曼（Richard Bellman，1920—1984）在研究多段决策过程中提出了著名的最优化原理，从而创立了动态规划（Dynamic Programming，DP）技术。动态规划是通过把原问题分解为相对简单的子问题的方式求解复杂问题最优解的方法。动态规划的应用极其广泛，不仅仅对控制理论界和数学界有深远影响，甚至在工程技术、经济、工业生产、军事、生产经营等领域都取得了显著的效果。1956年，苏联数学家庞特里亚金（L. S. Pontryagin，1908—1988）提出了极大值原理（也称极小值原理），并于1961年证明了该原理。极大值原理在状态或是输入空间有限制条件的情形下，可以找到使动力系统由一个状态转化到另一个状态的最优控制信号。庞特里亚金的工作开拓了最优控制理论这一新领域。贝尔曼的动态规划和庞特里亚金的极大值原理共同成为现代控制理论的发展起点和基础。

1960年，美籍匈牙利裔数学家、控制学家卡尔曼（R. E. Kalman，1930—2016）与他的同事发表了“On the general theory of control systems”和“A new approach to linear filtering and prediction problems”等一系列在控制理论史上有着重大意义的论文，在控制理论研究中引入了状态空间分析方法，提出了能控性、能观性和卡尔曼滤波器等重要概念，构造了现代控制理论的基本框架。

现代控制理论是以状态空间概念为基础，利用计算机技术来分析和综合复杂控制系统的理论，适用于多输入多输出系统。现代控制理论的建立、发展与应用与航天工业发展的需求密不可分，飞行器正是典型的多输入多输出的复杂控制系统，古典控制理论对其无能为力，直接催生了学界对于更高性能控制方法的研究热情。应用现代控制理论，飞行器控制系统的性能实现了前所未有的飞跃。从20世纪60年代的阿波罗飞船登月、20世纪70年代阿波罗飞船与联盟号飞船的对接，到20世纪80年代航天飞机的成功飞行，都是与现代控制理论的应用与发展分不开的。现代控制理论使包括控制精度和响应速度在内的控制性能大幅提升。

现代控制理论从理论上解决了复杂系统的分析和设计，但是在工程上有其难以克服的实现难点——对没有建立精确数学模型的控制对象难以进行有效控制。这是因为现代控制理论严格依赖理想化的数学模型，一旦无法得到数学模型，控制器的设计便无从下手，一旦数学模型不准确，工程控制效果就很难令人满意。自 20 世纪 60 年代以后，为了解决这一问题，控制理论的发展逐渐呈现了多样化和学科交叉化的趋势。可以说是百花齐放，百家争鸣，形成了大量的控制理论分支。

在众多的控制理论新方向上，最值得介绍的是智能控制系统。早期的智能控制系统主要包括几个分支：专家系统、模糊控制系统、遗传算法控制系统和神经网络控制系统。

专家系统是一类具有专门知识和经验的计算机智能程序系统，通过对人类专家的问题求解能力的建模，采用人工智能中的知识表示和知识推理技术来模拟通常由专家才能解决的复杂问题，达到具有与专家同等解决问题能力的水平。这种基于知识的系统设计方法是以知识库和推理机为中心而展开的，它把知识从系统中与其他部分分离开来。专家系统强调的是知识而不是方法。很多问题没有基于算法的解决方案，或算法方案太复杂，就会采用专家系统，可以利用人类专家拥有的丰富知识，因此专家系统也称为基于知识的系统。1965 年，斯坦福大学的费根鲍姆（E. A. Feigenbaum）和化学家勒德贝格（J. Lederberg）合作研制 DENDRAL 系统，使得人工智能的研究由以推理算法为主转变为以知识为主。20 世纪 70 年代，专家系统的观点逐渐被人们接受，许多专家系统相继研发成功，其中较具代表性的有医药专家系统 MYCIN 和探矿专家系统 PROSPECTOR 等。20 世纪 80 年代，专家系统的开发趋于商品化，创造了巨大的经济效益。1984 年，瑞典学者奥斯特隆姆（K. J. Astrom）首先把人工智能中的专家系统引入智能控制领域，于 1986 年提出“专家控制”的概念，成为一种智能控制方法。

1965 年，美国加州大学伯克利分校的扎德（L. A. Zadeh，1921—2017）创立了模糊集合论。1973 年他给出了模糊逻辑控制的定义和相关的定理。经典集合论只能表达精确的概念，刻板的程序使计算机在识别和控制上无法模拟人脑在识别和控制中由于使用模糊词句而带有的灵活机动性，计算机控制需要近乎严苛的定义和缜密的逻辑。要想改变这种状况，必须能用数学描写模糊概念，从外延上把精确集合扩展成模糊集合。模糊数学从数学基础上为人工智能的发展开辟了道路。1974 年，英国伦敦大学的马达尼（E. H. Mamdani）首次根据模糊控制语句组成模糊控制器，并将它应用于锅炉和蒸汽机的控制过程，在实验室获得了成功。这一开拓性的工作标志着模糊控制论的诞生。模糊控制实质上是一种非线性控制，从属于智能控制的范畴。模糊控制的一大特点是既有系统化的理论，又有大量的实际应用背景。模糊数学理论为模糊控制理论奠定了坚实的基础。模糊控制不论在理论上还是技术上都有了长足的进步，成为自动控制领域一个非常活跃而又硕果累累的分支。

20 世纪 70 年代，美国科学家霍兰德（John Holland）根据大自然中生物体进化规律设计并提出了遗传算法。遗传算法模拟达尔文生物进化论的自然选择和遗传学机理的生物进化过程进行数学建模，是一种通过模拟自然进化过程搜索最优解的方法。该算法通过数学的方式，利用计算机仿真运算，将问题的求解过程转换成类似生物进化中的染色体基因的交叉、变异和遗传等过程。在求解较为复杂的组合优化问题时，相对一些常规的优化算法通常能够较快地获得较好的优化结果。遗传算法已被人们广泛地应用于组合优化、机器学习、信号处理、自适应控制和人工生命等领域。

早在 1943 年，美国心理学家麦卡洛克（W. S. McCulloch）和数学家皮茨（W. Pitts）就根据生物神经元、生物电和生物化学的运行机理提出了二值神经元的数学模型，这就是著名的神经网络。神经网络的重要应用领域之一就是控制系统，称为神经网络控制。神经网络控制是指在控制系统中采用神经网络这一工具对难以精确描述的复杂的非线性对象进行建模，或用来充当控制器，或用来优化计算，或用来进行推理，或用来故障诊断等，亦可同时兼有上述某些功能的适当组合。神经网络控制是实现智能控制的一种重要形式，近年来也获得了迅速发展。

20 多年来，人工智能技术的发展进入了阶段性高峰，取得了相当丰硕的理论成果，在人类生活和生产的各个方面也出现了丰富的应用。在未来相当长一段时间内，将这些人工智能领域的成果应用于控制理论，发展新的控制技术，将是控制科学家与工程师重要的工作任务之一。

1.1.2 网络技术与控制系统

与控制理论研究快速发展相辅相成的是日新月异的现代通信技术和计算机技术。计算机逻辑器件先后历经了电子管时代、晶体管时代、集成电路时代，在20世纪70年代，迎来了大规模集成电路时代。计算机变得体积更小，功耗更低，速度更快，价格更低。自从计算机大规模使用以来，数字计算机控制系统就开始大规模代替模拟系统进入工业控制领域，成为主流工业控制系统，强劲的性能有力地支撑了各种先进控制理论成果的应用与发展。模拟技术无法支撑复杂算法，可以说，没有计算机技术的发展就没有现代控制理论的发展。应用计算机技术的控制系统显现出巨大的技术优势，计算机能轻松地仿真并实现复杂的算法，极大地降低了控制系统设计难度，提高了控制系统的性能，提高了控制系统的研发效率，降低了控制系统的研发费用。

早期的计算机控制系统被称为集中式数字控制系统，集中式数字控制系统控制集中、管理集中，而且由于受到硬件水平的限制，计算机硬件可靠性比较低，任意环节一旦发生故障，整个控制系统就陷于瘫痪状态，不得不整体停止工作。工业界很快就有了改良发展集中式数字控制系统的需求。这就需要将数据通信网络引入工业控制领域。

数据通信网络不仅在通信领域扮演着重要角色，而且能够解决集中式数字控制系统中因控制集中造成的可靠性方面的问题。20世纪70年代末期，集中监视、分级管理、分散控制的分布式控制系统（distributed control system，DCS）开始出现，分布式控制系统在一定程度上克服了集中式数字控制系统对控制器处理能力和可靠性要求高的缺陷，但它同时也存在着一对一的结构导致的布线量巨大、布线种类繁多、工程周期长、安装费用高和维护困难等问题。

到了20世纪80年代后期，工业控制领域引入了现场总线控制系统（fieldbus control system，FCS），分布式控制系统的结构才得以简化，现场总线控制系统在控制系统中引入了日益成熟的基于计算机网络技术的现场总线技术。遗憾的是，由于历史的原因，国际上的各大总线厂商都在积极参与和主持现场总线的标准制定工作，却拒绝互相妥协合作，直接导致了现有的现场总线产品在结构和应用技术上的多样性和不兼容性，造成全球有40多种现场总线标准，比较著名的标准如控制局域网（controller-area network，CAN）、Modbus、Profibus、

ControlNet 等，而不同标准的产品又不能直接互相通用。这种情况造成自动控制工程师的研发和维护工作相当困难，他们需要熟悉各种协议和标准。在工业控制网络中采用统一的网络协议成为控制界的共识，正是在这种情况下，当时已经在商业局域网领域获得巨大成功的以太网（Ethernet）得以进入工业控制领域。以太网是由 DEC、Intel 和 Xerox 三家公司联合研发的，其开发目的是使网络中的用户在通信时可以不局限于某一种特定的传输介质，采用载波监听多路访问/冲突检测（carrier sense multiple access/collision detect，CSMA/CD）的争用型介质访问控制协议。和现场总线控制系统相比，以太网在兼容性方面有了很大提升，在实时工业控制领域中展现了巨大的潜力，其成本更低廉、模块化程度更高。但是以太网的设计初衷并不是专门解决工业控制领域通信问题，所以，以太网存在实时性差、网络传输延时不确定等问题。目前，对于现场总线控制系统技术和以太网控制系统技术的优点和缺点，存在着较多的争论，在很长的一段时间内，它们必将互相竞争，互为支持，协同发展。值得指出的是，随着 Internet 在硬件方面日新月异地发展，对于许多实际的控制工程应用和控制理论研究来说，更低廉的成本与更佳的兼容性和适应性使 Internet 成了未来控制领域用通信网络的重要选择之一。

工业控制领域中，控制网络与信息网络的集成是一种不可避免的趋势。一般情况下，信息网络位于控制网络上层，是数据共享和传输的载体，它需要满足如下条件：高速通信网络、能够实现多媒体的传输、与 Internet 互联、开放系统、满足数据安全要求和易于技术扩展与更新；控制网络位于信息网络下层，与信息网络紧密相连，服从信息网络的操作，同时又具有独立性和完整性，其实现既可以用现场总线技术，也可以用工业以太网。控制网络与信息网络的互联使控制与信息网络既相互独立又相互联系，其目的是实现管理与控制一体化的、统一的、集成的企业网络。就工业企业而言，两者互联具有以下重要意义：控制网络与企业高层网络之间互联，能够建立综合实时信息库，有利于管理层的决策；现场控制信息和生产实时信息与企业网络即时交换，相关人员能方便地了解企业生产情况；建立分布式数据库管理系统，使数据保持一致性、完整性和互操作性；对控制网络进行远程监控、远程诊断和远程维护等，节省大量的交通和人力，特别适用于大型企业；为企业提供完善的信息资源，在完成内部管理的同时，加强与外部信息的交流，带来巨大的经济效益；工业控制网络和信息网络的集成可以实现企业网络间信息与资源的共享，进一步提高企业信息化和综合自动化水平，提高企业生产和管理的效率、效益和适应性。

通过网络的控制系统，通常有两种系统结构。第一种系统结构如图 1.2(a) 所示，是一种分级的结构，控制系统由几个子系统组成，每一个子控制系统都有一组传感器节点、一组执行器节点和一个控制器节点。每一个子控制系统的控制器节点都会通过通信网络从中央控制器获得设定值，并且以此为基础进行控制动作。中央控制器通过通信网络获得每一个子控制系统的情况，并综合所有子控制系统的情况给每一个子控制系统发送设定值。第二种系统结构如图 1.2(b) 所示，是一种直接控制系统，在通信网络上直接连入一组传感器节点、一组执行器节点和一组控制器节点，即将通信网络纳入了控制系统的闭环之中。此时，控制器节点读取传感器节点的量测值必须通过通信网络，向执行器节点发送控制信号也必须通过通信网络。两种系统结构有各自的特点，第一种分级结构中，每一个子控制系统都是独立的，更加模块化；第二种直接结构中，由于数据能够直接在接入通信网络中的各个节点间传输，各节点间有更强的互动性，即任一控制器节点能够接收和处理每一个传感器节点的量测数据，并且能够将控制信号发送给任意一个执行器节点。

1988 年，Y. Halevid 等提出了综合通信与控制系统（integrated communication and control system，ICCS）的概念，首次将控制系统与网络通信结合在一个范畴内进行讨论。1999 年，G. C. Walsh 等提出了网络控制系统（networked control systems，NCS）的概念，所谓网络控制系统是指控制器节点与执行器节点、传感器节点与控制器节点之间通过通信网络相互连接，从而形成闭环的反馈控制系统，即图 1.2(b) 所示的引入了通信网络的直接控制系统结构，它是一种完全网络化、分布化的控制系统，是计算机网络技术、通信技术、传感器技术和控制科学交叉融合的产物，也是现代工业控制系统的主要发展趋势之一。

在网络控制系统中，被控对象、传感器节点、控制器节点和执行器节点可以分布在相同的物理位置上，也可以分布在不同的物理位置上。一个被控对象往往连接着多个传感器节点和执行器节点，同时，控制器节点也可以不止一个，被控对象也可以不止一个，一个控制器节点可以控制多个被控对象，一个被控对象也可以被多个控制器节点控制。

与传统的点对点控制系统相比，网络控制系统具有以下主要优点。

(a) 引入网络的控制系统分级结构

(b) 引入网络的控制系统直接结构

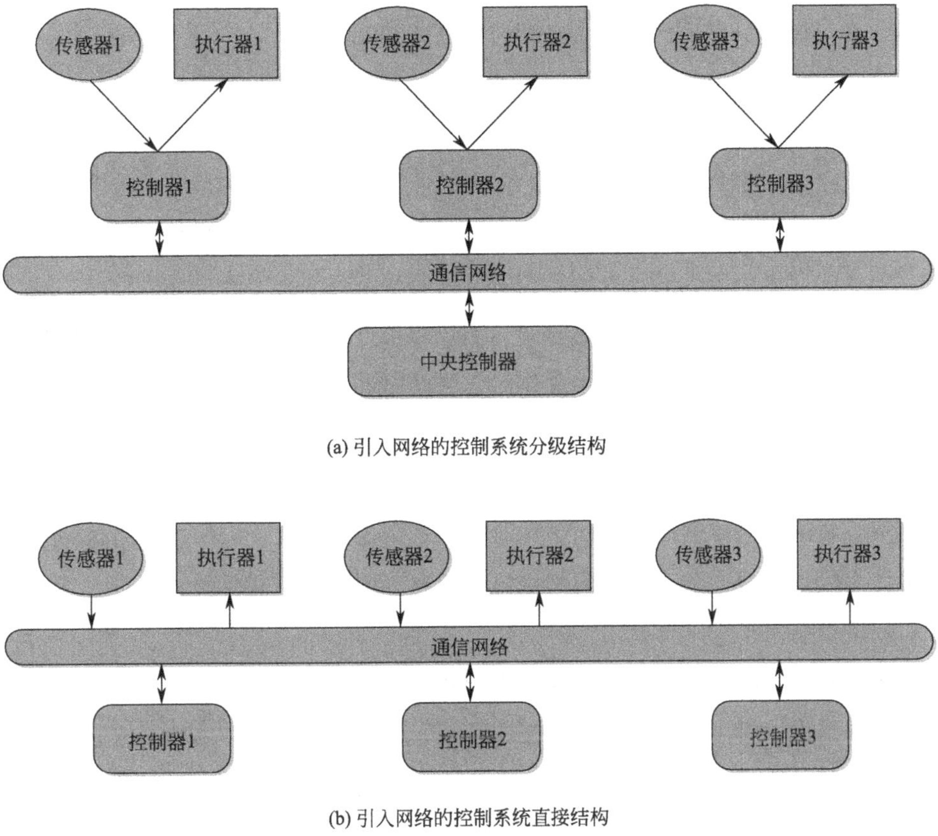

图 1.2　引入通信网络的控制系统结构

① 只付出较小的信息传输代价，就能够实现信息资源共享、远程监测与远程控制，并用数字信号取代模拟信号在数字网络上传输，实现控制设备间的数字化连接，最大限度地减少干扰。

② 增加了系统的灵活性，减少系统布线，不同厂商的产品在同一网络中可以相互兼容、相互通信，减少中间环节的信息处理设备，降低成本。

③ 易于修改、扩展和维护的开放性，更加模型化，维护、增加和减少节点比较简单，甚至可以做到热插拔。

④ 增强了可靠性，通过控制现场化和功能分散化，使原先由中央控制器实现的任务下放到智能化现场设备上执行，分散了危险因素，提高了安全性。

⑤ 节点智能化，很多节点都是带有中央处理器（central processing unit，

CPU）的智能终端，从总体上看，每个节点都是网络控制系统的一个细胞；从个体上看，每个节点又都具有各自相对独立的功能。

对于一个网络控制系统，传感器节点、控制器节点和执行器节点可以采用两种不同的节点驱动方式：时间驱动方式和事件驱动方式。当节点采用时间驱动方式时，节点的动作由时钟信号控制，即每接收到一个系统时钟信号，节点就开始执行动作，而不管此时节点是否获得了新的输入信号；当节点采用事件驱动方式时，节点的动作由节点的输入信号控制，即每当节点获得了新的输入信号，就立刻开始执行动作，而不管此时的时间。节点驱动方式的选择依赖于所选择的控制技术。显然，当节点必须周期性动作时，时间驱动信号比较合适；而当节点必须经常对不规则信号做出反应时，事件驱动方式的效果更好。总的来说，时间驱动方式会大大减小网络传输延时的随机性，但对时钟同步要求比较高，客观上也增加了不必要的网络传输延时；而事件驱动方式则与之相反，以增加网络传输延时随机性为代价，减少了不必要的网络传输延时，同时也不需要时钟同步。二者常常在一个控制系统中结合使用。

一般而言，网络控制系统主要应用于两种情况：复杂控制系统和远程控制系统。物理结构如图 1.3 所示。复杂控制系统，是指那些包含有大量子控制系统的大规模控制系统，其中的每一个子控制系统连接于被控对象的不同部分，并且相互组合成一个完整的控制系统，包含有各自的传感器节点、控制器节点和执行器节点，这些子控制系统的各个节点之间通过共享的专用控制网络连接，例如飞机、轮船、航天飞机和大规模工业生产的控制系统。在复杂控制系统中，特别是在那些包含有巨量节点的大型复杂系统中引入通信网络，能够有效地降低连线的复杂性，提升安装节点的方便性，提高控制系统的可维护性、系统性和结构性，降低系统成本，提高系统的研发效率。而当被控对象处于对人类有害的危险环境中或可能有害的未知环境中时，例如核电站、炸弹拆除、深水勘探和外太空探索，为了保护工程技术人员，远程控制系统就将被采用；应用远程控制系统的另一种情况是为了节省人力及旅行时间。远程控制系统的控制器节点、传感器节点和执行器节点往往在物理上比较分散。复杂控制系统一般采用专用的控制通信网络，保证数据有序、快速、安全地传输；远程控制系统可以采用专用的控制通信网络，但是在时间和经济上都代价不菲，更高效率、低代价的方法是采用一个已有的共享通信网络，例如 Ethernet 或者 Internet。

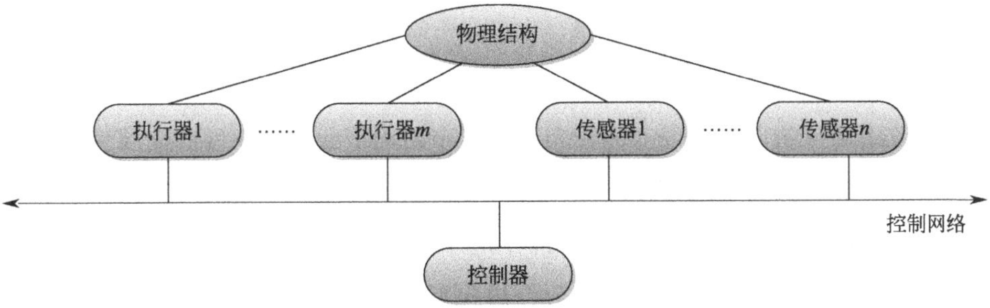

(a) 复杂控制系统

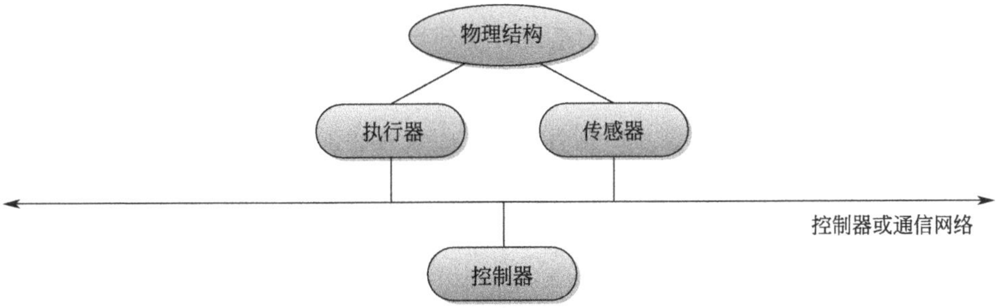

(b) 远程控制系统

图 1.3　网络控制系统的物理结构

数十年来，网络控制系统不仅在远程医疗、工业制造过程、机器人、航天以及国防等领域中，取得了广泛的应用，而且在控制理论学术界也是经久不衰的研究热点，获得了很多研究成果。

1.1.3　物联网与自动控制系统

提到网络技术的发展，物联网是现在不得不提的一个技术潮流。1999 年，麻省理工学院的 Auto-ID 实验室第一次提出了希望万物相连的物联网（the internet of things，IOT）的概念，意指通过射频识别设备、传感器设备、全球定位系统和无线传感器网络等信息采集和通信设备，按照预定的互联传输协议，通过接入网将所有物品与互联网智能连接，进行主动智能的信息交换，以实现智能化自主化监控、跟踪、定位、识别与管理的一种新的网络。时至今日，物联网的发展早已超过当初的预想，泛指将基础物理设施与 IT 设施融合在一起的想法和实现。

21世纪初，日本、美国、韩国和欧盟先后提出了自己的物联网发展策略和方向，意图抢占物联网发展的高地。2009年，我国首次提出“感知中国”的物联网发展策略。2013年，国务院的《关于推进物联网有序健康发展的指导意见》以及发改委的《物联网发展专项行动计划》中明确了我国物联网的发展目标和方向。之后，各国政府和电信组织陆续出台了更加细致的物联网发展细则、标准和政策。物联网的发展得到了全世界的认同和支持。在这种情况下，物联网成了经济发展的新动力，在国民经济的各个领域包括物流、交通、安防、能源、医疗、建筑、制造、家居、零售和农业都得到了广泛应用。

不可避免地，传统的工业控制系统将受到物联网技术的影响。其作用主要体现在以下两个方面：①替代控制器节点、传感器节点和执行器节点之间的现场总线。控制器节点与传感器节点之间的连接、控制器节点与执行器节点之间的连接将在空间上和时间上更加自由、方便、快捷，更加模块化，更加易于维护、安装和调试，更容易复用硬件以降低成本。②生产过程与管理决策过程的整合。生产质量监控、生产过程监控、生产调度、管理信息系统和经营决策过程能够更方便地整合在一起，形成数字化智能工厂，真正实现管控一体化。这种集成模式有利于降低管理成本，畅通命令通道和问题反馈通道，提高决策效率。

当然，物联网进入工业控制闭环，和其他网络技术作为信息传递媒介进入工业控制闭环一样，在带给我们便利的同时，同样会存在之前网络控制系统遇到的共性问题。

1.2 网络控制系统的主要问题

将通信网络引入闭环控制系统，有如前所述的许多优点，像许多新技术一样。同时，由于网络控制系统的复杂性、非线性和不确定性，它也会带来新的问题和挑战。至今，仍然有许多有挑战性的问题未被解决。例如，数据在通信网络中的传输带来了网络传输延时问题，而网络传输延时在不同的网络中又有不同的性质，这些网络传输延时必然会破坏控制系统的性能，甚至会造成控制系统的不稳定，无法使用。网络控制系统如果使用的是共享网络，资源的竞争与网络拥塞还会带来数据包的丢失与乱序，这些现象同样会对控制系统的性能造成负面影响。如何通过特定的网络协议对网络资源进行合理的管理与利用，以达到最有利于控制系统的目的，也是网络控制系统的重要研究课题之一。本节将对这些由于在控制系统中引入了通信网络而出现的常见的几个基本问题做简单介绍。

1.2.1 网络信息传输延时

对于网络控制系统而言，随机、时变的网络信息传输延时对控制系统性能的影响是控制系统分析与综合时需要面对的首要挑战。网络传输延时对于网络控制系统性能的影响早已引起了广泛的注意，研究结果表明，一般情况下，网络传输延时会使控制系统的暂态性能恶化，具体表现为增加系统响应的超调量、延长系统的过渡过程时间。更严重的是网络传输延时将减小控制系统的稳定裕量，甚至使控制系统不稳定。在网络控制系统中，由不同节点间的数据传输和传感器节点采集过程、控制器节点计算过程引入的随机延时，已经成为了影响网络控制系统控制品质最重要的因素。

在网络控制系统中，由于通信网络的带宽和服务能力的物理限制，数据在网络传输过程中的分时复用、连接中断和阻塞等是造成网络中数据传输延时的常见原因。信息传输延时的长短和特性与网络协议、网络负载情况、传输距离和传输时间等诸多因素有关，具有明显的不确定性、时变性和随机性。

一般认为，在第 k 个采样周期，网络控制系统的网络传输随机延时 $\tau(k)$ 主要是由如图 1.4 所示的三种延时累加得到的：传感器节点到控制器节点的网络传输延时 $\tau_{sc}(k)$、控制器节点的计算延时 $\tau_{c}(k)$ 和控制器节点到执行器节点的网络传输延时 $\tau_{ca}(k)$。即有

$$\tau(k)=\tau_{sc}(k)+\tau_{c}(k)+\tau_{ca}(k) \tag{1.1}$$

其中，传感器节点采用时间驱动方式，而控制器节点和执行器节点采用事件驱动方式。图 1.4 给出了第 k 个采样周期网络控制系统的框图和控制系统中信号传输的时序图，分解绘出了整个控制系统控制过程中信号的传输过程，说明了三种延时各自产生的位置，详细解释了三种延时产生的原因。

① 传感器节点到控制器节点网络传输延时 $\tau_{sc}(k)$，产生在反馈回路中，是将传感器节点的量测信号通过网络传输到控制器节点所需要的时间，即，$\tau_{sc}(k)=t_1-t_0$。一般隐含了传感器节点采集数据的时间。

② 控制器节点的计算延时 $\tau_{c}(k)$，产生在控制器节点中，是控制器节点基于

(a) 网络控制系统框图

(b) 网络控制系统时序图

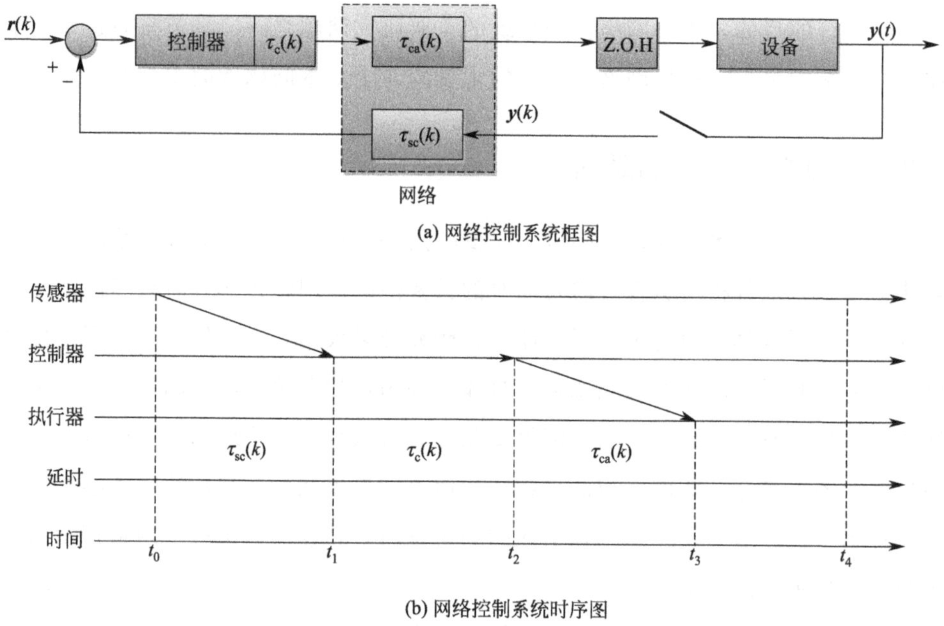

图 1.4 网络控制系统中随机延时的产生

接收到的传感器量测信号，计算生成控制信号所需要的时间，即，$\tau_c(k)=t_2-t_1$。

③ 控制器节点到执行器节点网络传输延时 $\tau_{ca}(k)$，产生在前向通道中，是控制器节点通过网络传输控制信号到执行器节点所需要的时间，即，$\tau_{ca}(k)=t_3-t_2$。其中，t_0 是传感器节点开始采集传感器量测信号并发送的时刻，t_1 是控制器节点接收到传感器量测信号并开始计算控制信号的时刻，t_2 是控制器节点计算控制信号完成并发送出控制信号的时刻，t_3 是执行器节点接收到控制信号并开始执行控制动作的时刻。

由于硬件与软件原因，控制器计算延时 $\tau_c(k)$ 具有不可避免的时变性，但在大多数控制技术中，如果控制器设计得当，相对于网络传输延时 $\tau_{sc}(k)$ 和 $\tau_{ca}(k)$，控制器计算延时 $\tau_c(k)$ 本身以及其变化都是可以忽略不计的。因此，控制器计算延时 $\tau_c(k)$ 的影响常常是次要的，并且总是将它包含于网络传输延时 $\tau_{ca}(k)$ 中，本书所讨论的控制策略也将采取这种处理方法。网络传输延时 $\tau_{sc}(k)$ 和 $\tau_{ca}(k)$ 的大小和随机性则由通信网络所采用的硬件、网络协议、拓扑结构、路由选择方案和传输数据时的网络负载等因素共同决定。

网络传输延时 $\tau_{sc}(k)$ 和 $\tau_{ca}(k)$ 的特性与通信网络所采用的网络通信协议密切相关，不同的网络通信协议决定了不同的数据链路层数据传输服务方式，主要分为循环服务网络和随机访问网络。循环服务网络的各个节点以确定性的方式按一定的逻辑调度顺序获得网络的使用权，进行数据传输，未获得使用权的节点将处于等待状态，例如 IEEE 802.4、SAE 令牌总线网、SAE 令牌循环网和 Profibus 等。因此，在通信无错误发生的情况下，网络传输延时 $\tau_{sc}(k)$ 和 $\tau_{ca}(k)$ 是周期性的和确定性的，或者说不同数据包的网络传输延时相差很小，甚至可以忽略这种差异。但在实际应用中，通信错误和时钟同步错误会造成网络传输延时确定性的消失。在随机访问网络中，例如 Ethernet、CAN 和 Internet 等，由于采用了公平竞争及随机访问的介质访问机制，排队以及数据冲突等因素不可避免地会导致网络传输延时 $\tau_{sc}(k)$ 和 $\tau_{ca}(k)$ 的随机性和不确定性。

网络传输延时造成的直接后果是数据丢失，图 1.5 给出了数据丢失在两种不同节点驱动方式下产生的形式与原因。其中，图 1.5(a) 表示的是传感器节点和控制器节点采用时间驱动方式、执行器节点采用事件驱动方式的系统，一般在循环服务网络中采用，实线表示传感器节点的动作周期，虚线表示控制器节点的动作周期；图 1.5(b) 表示的是传感器节点采用时间驱动方式、控制器节点和执行器节点采用事件驱动方式的系统，一般用于随机接入网络，实线表示传感器节点的动作周期。图 1.5(a) 中，如果传感器量测信号在控制器动作之后到达，没有能够参与控制信号的计算过程，就会被直接舍弃，而控制信号的计算采用的传感

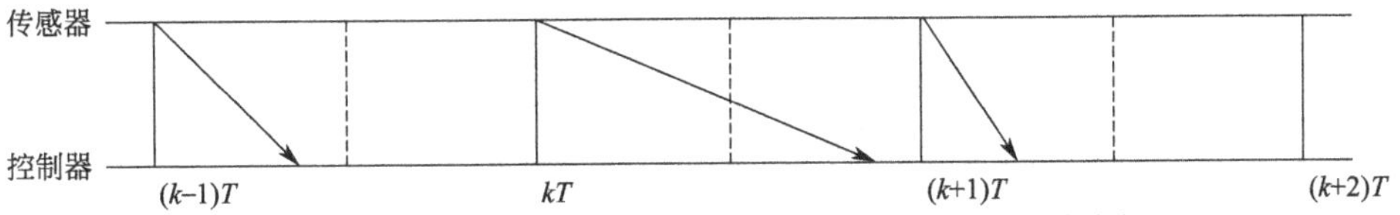

(a) 传感器和控制器节点时间驱动、执行器节点事件驱动系统

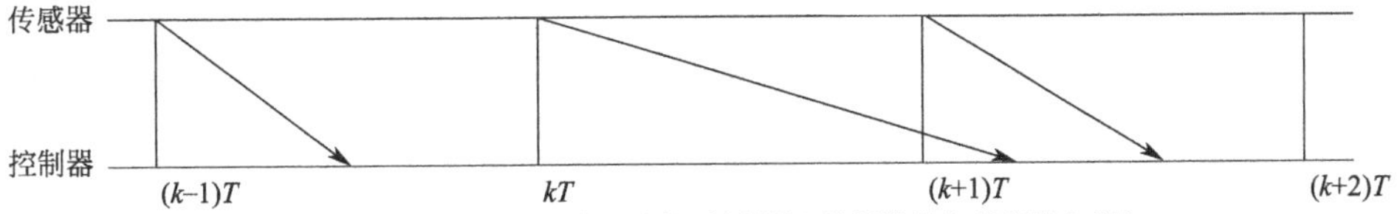

(b) 传感器节点时间驱动、控制器和执行器节点事件驱动系统

图 1.5　空采样原理图

器量测信号是上一个采样周期的陈旧信号，不能反映被控对象的最新情况；图 1.5(b) 中，传感器量测信号在下一个采样周期才到达，不但造成了与图 1.5(a) 相同的情况，同时，下一个采样周期将面临两次传感器量测信号到达，根据不同的选择原则，其中一个会被接收，而另一个会被丢弃。不管哪种情况，由于网络传输延时过长，造成传感器量测信号未在控制器节点动作之前到达，都将会发生数据丢失现象，从而导致没有当前采样周期的传感器量测信号参与计算控制信号的情况发生，这种现象称为空采样。显然，空采样会造成控制系统的性能下降。

在本书采用的控制方法中，所需要的网络传输延时实测值是采用时间戳 (timing stamp，TS) 技术获得的，该技术是用来测量网络传输延时的一种最常用的方法。所谓时间戳技术，是指在数据发送节点发送数据时将发送数据的时间一并写入数据包中，数据接收节点收到数据的同时也得到了数据发送的时间，把该时间与本地时钟值进行比较，就容易计算出网络传输延时值的实际值。当然，这种方法对时钟同步的要求非常高。

1.2.2 时钟同步

不同网络节点的系统时钟信号可能会存在误差，时钟同步的目的就是赋予两个或多个节点的内部时钟以相同的数值。不管是采用时间驱动方式的节点还是使用时间戳技术，都存在时钟同步问题。

时钟同步的方法有硬件同步、软件同步和混合同步。硬件同步一般是在各个节点之间通过实际介质传输同步信号，其硬件复杂，成本较高，特别是对于节点广泛分布的大规模网络控制系统。软件同步是利用时钟控制算法进行同步，软件工作量较大，并且同步偏差容易累积而导致同步精度降低，但是其成本低廉。混合同步是硬件同步与软件同步的混合方式，兼取硬件同步精确性和软件同步低成本的优点。

在通常的网络中，一般采用多种网络时钟同步协议。例如，日期时间协议 (day time protocol，DTP) 和时间协议 (time protocol，TP)，同步精度可达秒级；网络事件协议 (network time protocol，NTP) 在局域网范围内可实现毫秒级的同步精度，且同时可与多个时间服务器进行校准；简单网络时间协议 (simple network time protocol，SNTP) 可以与一个时间服务器进行校准，一般用于客户端。当网络被用于工业控制系统以后，控制系统要求实现更高精度的时钟同步，基于此种要求，IEEE 1588 精确时间协议（precision time protocol，PTP）被开发，并在分布式网络环境中实现最高可达到亚微秒级的时钟同步精度，已成为目前被非常看好的用于网络控制系统的时钟同步协议。

1.2.3　数据包丢失与乱序

在网络控制系统中，由于网络节点的缓冲区溢出、路由器拥塞、连接中断和通信协议选择等原因，数据包在网络传输中会出现丢失现象。数据包丢失受多种因素综合影响，例如网络协议、负载状况等，通常具有随机性。

在实际的网络控制系统中，只能忍受一定数量的数据包丢失，当丢包率达到某一数值时，控制系统将变得不稳定。数据包丢失的一般处理方法是沿用上一次未发生丢包时的数据或给定某一常值或根据某一规则计算一个临时值。目前，在网络控制系统的研究中，丢包的数学描述主要有两种方法。

① 确定性方法：采用平均丢包率或最大连续丢包量来描述丢包。

② 概率方法：假设丢包服从某种概率分布，并采用相应的概率模型来描述丢包。

数据包的乱序是指数据包到达目标节点的时序与从发出节点发送时的时序不同，即先发出的数据包后到达，后发出的数据包先到达。通常这种情况发生在长延时网络控制系统中。这会造成控制系统控制器计算控制信号时采用的传感器信号时序不匹配，或者执行器执行的控制信号与时序不匹配。当网络规模较大时，数据的传输需要经过各种中继环节，如路由器、网关和交换机等。路由器会根据网络传输当时的实际情况选择合适的网络途径传输数据，而且，数据包在各种中继环节队列中的等待时间不同，导致了相同源节点和目标节点的数据传输路径不完全相同，甚至完全不相同，最终造成数据包到达时顺序错乱。

在现有的研究中，通常数据包乱序不做单独研究，而是采用时间戳技术处理，令每一个数据包同时包含时间信息。这样，目标节点可以根据接收到的数据包的时间戳，对其进行时序辨认，以判断数据包从源节点发出的时序。

1.2.4　网络调度

网络调度是指系统节点在共享网络中发送数据出现碰撞时，规定节点的优先发送次序、发送时刻和时间间隔。目的是在有限带宽资源的条件下，充分利用网络带宽，合理调度网络控制系统中的各种数据，以满足不同的实时性要求，有效控制网络负荷，提高网络运行性能，减少网络传输延时、数据包丢失与乱序的发生概率，削弱由于信息传输网络的介入而对控制系统造成的负面影响。现有的网络控制系统调度算法大多是借鉴中央处理器任务调度算法实现的。

从网络层次看，网络控制系统的调度方法可以分为两类：网络底层的调度和应用层的调度。网络底层调度是数据链路层通过一个链路活动调度器控制网络中各个现场设备对网络传输介质的访问，通常是网络接口设备按照特定的协议规范来决定数据包的发送顺序。网络底层调度是通过制定特定的网络协议来实现某些算法的，因而，调度缺乏灵活性，只能适应少数算法。应用层调度是指确定网络节点被发送数据的优先级、发送时刻和时间间隔，从而实现数值的有序传输。

网络调度策略可以分为三类：静态调度策略、动态调度策略和动静态混合调度策略。静态调度策略离线分配好各信息的发送规则，如传输延时上限、计算时间和传输优先级等。调度策略一旦确定，在系统运行过程中保持不变，例如，RM（rate monotonic，RM）算法及其衍生算法。动态调度策略考虑网络控制系统中信息流的时变性，根据系统的需要在线调整各节点的带宽或者传输优先级，例如EDF（earliest deadline first，EDF）算法。动静态混合调度策略针对实时性要求不同的数据采用不同的调度策略，实时数据采用动态调度，以保证实时性，非实时数据采用静态调度，以保证效率，提高网络资源的可调度性。

1.2.5 单包传输与多包传输

在网络控制系统中，数据是以数据包的形式在通信网络中传输的。单包传输是指数据被封装于一个数据包中发送，包括相关时间戳信息；多包传输是指数据被分别封装于多个数据包中发送。采用多包传输主要有两个原因：一、受单个数据包有效位数的限制，待发送的数据超过了单个数据包的容量，必须将数据分割多包传输；二、网络控制系统的传感器节点和执行器节点常常分布在广泛的物理空间中，无法在物理上实现同类所有信息封装为一个数据包，其信息的获取和发送客观上仅能通过多个数据包传输来实现。不同类型的控制网络适用不同的数据传输方式。

1.2.6　通信约束

在网络控制系统中，由于网络带宽以及系统节点数目的限制，通信速率是有界的。如何在保证系统稳定性或满足一些其他性能指标的情况下得到每个网络控制系统传输速率的上界，以及如何在有通信上界的情况下，进行状态的估计和控制器的设计就构成了带通信约束的控制问题。

通信约束分为位速率约束和信息率约束两种。位速率约束问题存在于拥有有限字长和常受噪声干扰的通信网络中。需要解决的主要问题是确定传感器节点采用何种编码发送数据，控制器节点如何进行解码以及需要多快的通信速率。信息率约束问题从信息传送的级别来考虑通信约束问题，前提是假设网络无限精确，并忽略由有限字长导致的量化误差。

1.3　网络控制系统研究现状

对网络控制系统的研究，通常可分为两个部分：对控制用通信网络的研究和对引入了通信网络的控制系统的研究。前者研究对象是通信网络，着重研究提高网络的服务质量，使它更适合于网络控制系统的需求。例如，设法提高网络中信息传输速度，减少数据包丢失与阻塞的发生，防止数据包传递乱序和设法提高吞吐量等。后者着重研究网络控制系统的分析与综合。例如，网络传输延时的检测与处理，网络控制系统的建模与稳定性分析，先进控制策略和快速控制算法的设计以及网络控制系统的动、静态性能的分析与优化等。

鉴于网络控制系统的独特优点，它已成为当今自动控制系统发展最重要的新方向，是世界上相关专家共同关注的热门研究课题。自从 20 世纪 80 年代以来，国内外网络控制系统的研究工作已取得了一系列研究成果，并且其中有些成果已经应用在工程实践中，取得了显著的经济和社会效益。本节将对当今国内外网络控制系统关键技术问题的研究现状和发展趋向作一简单介绍。

1.3.1　网络传输延时的检测与处理

鉴于网络控制系统的被控对象、执行器节点和传感器节点通常是分布在服务器侧的，而控制器节点是设置在客户机侧的。这样，控制器节点到执行器节点之间的前向通道和传感器节点到控制器节点之间的反馈通道是通过通信网络连接的。由于网络的分时复用，且带宽有限，信息的传输不可避免地会产生网络传输延时。而且，延时的长短与网络采用的协议、数据传输量、传输距离和传输时间等诸多因素有关。所以网络传输延时具有显著的不确定性、时变性和随机性，不仅给控制系统的建模、控制器的设计和优化带来很大的困难，而且会影响系统的稳定性和运行性能。所以，如何准确地量测和处理网络传输延时是网络控制系统首先要解决的一个关键技术问题。网络传输延时的检测可分为实验检测法、预测估计法和概率统计法等。对于控制系统中的网络传输延时，通常采用延时补偿方法，可分为确定性预估的补偿方法和不确定性预估的补偿方法。

1.3.1.1 网络传输延时的检测

① 实验检测法。通常利用 Windows 自带的可执行命令 Ping 来检测网络传输延时。Ping 程序由 Mike Muuss 编写，该程序发送一份因特网控制信息协议（internet control message protocol，ICMP）回显请求报文给主机，并等待返回因特网控制信息协议回显应答，目的是测试另一台主机是否可达；同时，Ping 程序能够通过在因特网控制信息协议报文数据中存放的发送请求时间值来计算往返时间（roundtrip time，RTT）。检测时可通过命令参数对 Ping 进行设置，例如数据包的大小、量测次数等，经过多次反复检测，就可以得到网络传输延时的最大值、最小值、平均值以及分布特性。

② 预测估计法。网络传输延时的预测方法有很多种，例如，加权因子预测法、线性神经网络预测法、径向基函数神经网络（radial basis function neural network，RBFNN）预测法、BP（back propagation）神经网络预测法等。下面对带有时间戳的 BP 神经网络传输延时预测法作一介绍。

带有时间戳的 BP 神经网络的工作方式需要以下几个步骤。用时间戳标记 $k-1$ 时刻从控制器节点发出数据包的发送时刻为 $\tau_{\mathrm{ca}}^{TS}(k-1)$；当数据包经过通信网络，到达执行器节点，并对被控对象实施控制后，再经过通信网络，返回到控制器节点的时刻用时间戳标记为 $\tau_{\mathrm{sc}}^{TS}(k-1)$。将两个时间相减，即可得网络信息传输延时公式：

$$\tau(k-1)=\tau_{\mathrm{sc}}^{TS}(k-1)-\tau_{\mathrm{ca}}^{TS}(k-1) \tag{1.2}$$

经过一段时间运行后，就可以获得网络传输延时的一系列历史数据 $\{\tau(i): i=1,2,\cdots\}$，把获得的历史数据作为神经网络的训练样本，可对网络传输延时进行超前一步的预测。

网络传输延时的预测可使用如图 1.6 所示的 2-2-1 结构 BP 神经网络。经过网络传输延时量测值学习训练后的 BP 神经网络采用前两个时刻的网络传输延时值 $\tau(k-1)$ 和 $\tau(k-2)$ 作为输入样本，可获得当前时刻网络传输延时的预测值 $\hat{\tau}(k)$。在下一时刻，可用如下式所示的当前时刻的网络传输延时预测的误差值来修正神经网络。

$$e(k)=\tau(k)-\hat{\tau}(k) \tag{1.3}$$

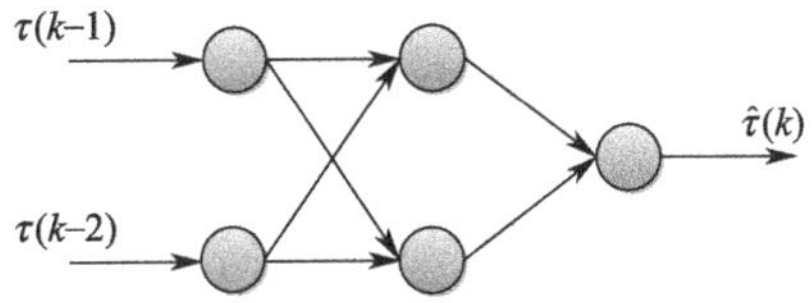

图 1.6　BP 神经网络结构图

③ 概率统计法。概率统计法实际上是一种状态估计法。A. Ray 等提出的估计方法从统计的观点对获得的信息进行分析与处理。不足之处是这种方法要求信息传输延时小于一个采样周期，这种强要求使其对大部分工业现场的情况无能为力。针对这种情况，当网络传输延时超过一个采样周期时，Luck 等提出了设立网络传输延时缓冲区的方法，把信息传输随机延时转换为确定性延时。

1.3.1.2　网络传输延时的处理

当今对于网络传输延时的处理，多采用补偿的方法。延时补偿方法有确定性预估补偿方法和概率预估补偿方法两种。下面简单说明。

① 确定性预估补偿方法，如图 1.7 所示。这种补偿方法的基本思想是采用队列缓冲区和观测器来重构系统不确定的过去状态，再利用预估器来超前一步预报系统的状态，并构成被控对象的控制输入信号。这种方法可以将系统的网络传输随机延时变换为确定性延时，从而进行网络传输延时的补偿，即把网络控制随机系统变换成时不变系统，简化了系统的分析与综合。在图 1.7 中，首先将系统

的过去量测值存入到标志为 Q_2 的先入先出（first in first out，FIFO）队列缓冲器中；另一个在执行器节点侧的标志为 Q_1 的先入先出队列缓冲器用来储存来自控制器节点的预测控制信号。图中 μ 和 θ 是网络传输延时的上界，故这种延时补偿方法获得的结果比较保守，且对被控对象数学模型精度要求高。

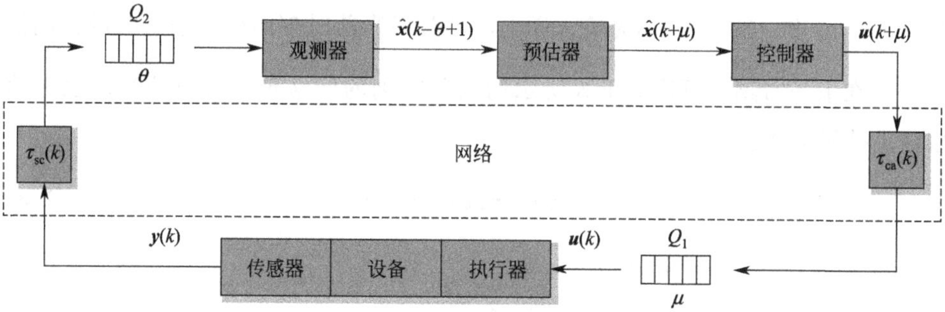

图 1.7　确定性预估补偿方法结构图

② 概率预估补偿方法，如图 1.8 所示。Chan 和 Ozguner 开发的基于预估器的网络控制系统数据传输随机延时补偿方法，采用概率预估，同时考虑队列中的数据长度知识，改善了预估器的性能。设置在传感器节点侧的先入先出队列缓冲器 Q_1 的容量为 μ，而设置在概率预估器侧的移位寄存器 Q_2 只有单位长度的存储容量。输出的量测值 $y(k)$ 被储存在缓冲器 Q_1 中，数据序列用 i 表示；Q_2 的输出用 $\omega(k)$ 来表示。概率预估器应用 Q_1 中的数据，计算当前状态估计值 $\hat{\boldsymbol{x}}(k)$ 如下式所示

$$\hat{\boldsymbol{x}}(k)=\boldsymbol{P}_0[\boldsymbol{G}^{i-1}\boldsymbol{\omega}(k)+\boldsymbol{W}_i]+\boldsymbol{P}_1[\boldsymbol{G}^i\boldsymbol{\omega}(k)+\boldsymbol{W}_{i+1}] \tag{1.4}$$

式中，$\boldsymbol{P}_0$ 和 $\boldsymbol{P}_1$ 是权矩阵。

$$\boldsymbol{W}_1=0$$

$$\boldsymbol{W}_i=\boldsymbol{Hu}(k-1)+\boldsymbol{GHu}(k-2)+\cdots+\boldsymbol{G}^{i-2}\boldsymbol{Hu}(k-i+1),i\neq 1$$

1.3.2　网络控制系统建模

针对网络控制系统存在着不确定、时变和随机的信息传输延时，有多种系统数学建模方法。下面对常用的建模方法作简单的归纳。

① 延时补偿建模方法。延时补偿建模方法又称为队列法。上一小节介绍的

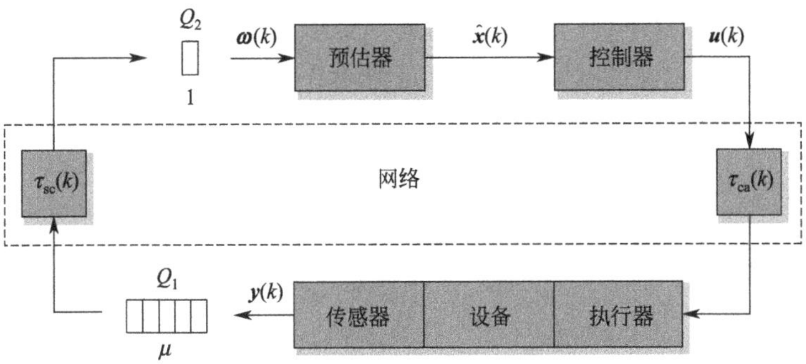

图 1.8 概率预估补偿方法结构图

延时补偿方法可应用于对网络控制系统的数学建模，建立如下所示的动力学方程：

$$
\begin{aligned}
&\boldsymbol{x}(k+1)=\boldsymbol{G}\boldsymbol{x}(k)+\boldsymbol{H}\boldsymbol{u}(k-\varphi_1)\\
&\boldsymbol{y}(k)=\boldsymbol{C}\boldsymbol{x}(k)\\
&\boldsymbol{z}(k)=\boldsymbol{y}(k-\varphi_2)\\
&\boldsymbol{Z}(k)=\{\boldsymbol{z}(k),\boldsymbol{z}(k-1),\cdots\}\\
&\boldsymbol{u}(k)-\gamma[\boldsymbol{Z}(k)]
\end{aligned}
\tag{1.5}
$$

式中，$\boldsymbol{Z}(k)$ 是网络传输延时的输出向量，是一系列过去的延时输出；$\gamma(\cdot)$ 是控制律；φ_1 和 φ_2 均为正整数，表示输入和输出延时的采样周期数，它们的上界分别表示为图 1.7 所示的 μ 和 θ。该算法的计算步骤如下。

ⅰ. 状态观测器利用图 1.7 所示的先入先出缓冲器 $\boldsymbol{Q}_2$ 中的一系列过去量测值 $\boldsymbol{Z}(k)$，估计被控对象的状态 $\hat{\boldsymbol{x}}(k-\theta+1)$。

ⅱ. 状态预估器使用过去的状态估计值估计当前状态 $\hat{\boldsymbol{x}}(k+\mu)$。

ⅲ. 控制器采用当前估计状态 $\hat{\boldsymbol{x}}(k+\mu)$计算预测控制输入值 $\hat{\boldsymbol{u}}(k+\mu)$，并把它存入图 1.7 所示的缓冲器 $\boldsymbol{Q}_1$ 中。

ⅳ. 重复步骤ⅰ至ⅲ，直到控制过程结束。

上述建模方法中，由于状态观测器和预估器与数学模型高度相关，故要求被控对象数学模型有较高的精度。

② 摄动理论建模方法。摄动理论建模方法首先是由 Walsh. Beldiman 等人提出的。该方法的关键概念是将网络控制系统中的信息传输延时效应当作连续时间

系统的摄动，并且假设没有观测噪声。这种数学建模方法还要求系统采用比较小的采样周期，这样才能把网络控制系统近似地看成连续时间系统。该方法的网络控制系统动态方程可表示为如下形式：

$$\dot{\boldsymbol{x}}(t)=f[t,\boldsymbol{x}(t),\boldsymbol{e}(t)] \tag{1.6}$$

式中，$\boldsymbol{x}(t)=\begin{bmatrix}\boldsymbol{x}_{\mathrm{p}}(t)\\ \boldsymbol{x}_{\mathrm{c}}(t)\end{bmatrix}$为增广状态向量，包括被控对象状态向量 $\boldsymbol{x}_{\mathrm{p}}(t)$ 和控制器状态向量 $\boldsymbol{x}_{\mathrm{c}}(t)$，$f(\cdot)$ 表示非线性函数。控制器接收到的输出更新近似值表示为如下形式：

$$\hat{\boldsymbol{y}}(t)\cong\boldsymbol{y}(t-\tau_{\mathrm{sc}}) \tag{1.7}$$

式中，$\boldsymbol{y}(t)$ 为被控对象的输出；τ_{sc} 表示在连续时间条件下，从传感器节点到控制器节点的网络传输延时。$\boldsymbol{y}(t)$ 和$\hat{\boldsymbol{y}}(t)$ 之间的差值表示网络控制系统的输出误差，记为如下形式：

$$\boldsymbol{e}(t)=\boldsymbol{y}(t)-\hat{\boldsymbol{y}}(t) \tag{1.8}$$

输出误差(1.8) 的动态特性也可表现为非线性特性，即可用下式表示：

$$\dot{\boldsymbol{e}}(t)=g[t,\boldsymbol{x}(t),\boldsymbol{e}(t)] \tag{1.9}$$

该方法的主要思想是构建误差模型来表征摄动消失的特殊形式。应用这一概念来推导保持网络控制系统稳定的网络传输延时上界 ρ，从传感器节点到控制器节点的网络传输延时 τ_{sc} 通常小于该上界，记为 $\tau_{\mathrm{sc}}<\rho$。该方法的优点是可应用于非线性网络控制系统数学建模，缺点是只能应用在从传感器节点到控制器节点存在网络传输延时的系统中，不可应用在从控制器节点到执行器节点存在网络传输延时的系统中，实际应用场景受限。

③ 增广状态向量建模法。这种方法被广泛应用在具有确定性网络传输延时的离散网络控制系统中，主要思想是将处理网络传输延时的附加状态向量与系统原有的状态向量相集成，构成一个新的增广状态向量系统，可描述为如下形式：

$$\begin{aligned}\dot{\boldsymbol{x}}(t)&=f[\boldsymbol{x}(t),\boldsymbol{u}(t),t]\\ \dot{\boldsymbol{v}}(t)&=g[\boldsymbol{x}(t),\boldsymbol{u}(t),\boldsymbol{v}(t),t]\end{aligned} \tag{1.10}$$

式中，$\boldsymbol{x}\in\boldsymbol{R}^{n}$ 是原系统的状态向量；$\boldsymbol{u}\in\boldsymbol{R}^{m}$ 是系统的输入向量；t 是时间变量；$\boldsymbol{v}\in\boldsymbol{R}^{q}$ 是增广状态向量；$f(\cdot)$ 和 $g(\cdot)$ 分别表示系统状态和增广状态的动态特性函数。

组合增广状态向量系统式(1.10)，可获得如下所示的新的状态方程式：

$$\dot{\boldsymbol{s}}(t)=f_g[\boldsymbol{s}(t),\boldsymbol{u}(t),t] \tag{1.11}$$

式中，$\boldsymbol{s}(t)=\begin{bmatrix}\boldsymbol{x}(t)\\ \boldsymbol{v}(t)\end{bmatrix}\in \boldsymbol{R}^{n+q}$；$f_g(\cdot)$ 是由原系统状态和附加状态组成的增广系统的动态特性方程。增广状态向量 $\boldsymbol{v}$ 可用不同方法获得，取决于网络控制系统的不同形式的信息传输延时特性。

④ 增广确定性离散建模方法。Halevi 和 Ray 提出了具有周期性服务网络的网络控制系统增广确定性离散模型。该模型中，控制器节点和传感器节点采用时间驱动方式，执行器节点采用事件驱动方式。这种建模方法能应用于用标准状态方程描述的线性被控对象，在控制信号分段恒定的条件下，其离散时间状态方程如下所示：

$$\begin{gathered}\boldsymbol{x}(k+1)=\boldsymbol{G}\boldsymbol{x}(k)+\boldsymbol{H}\boldsymbol{u}(k)\\ \boldsymbol{y}(k)=\boldsymbol{C}\boldsymbol{x}(k)\end{gathered} \tag{1.12}$$

线性控制器被应用在这种建模方法中，控制器动态方程可表示为如下形式：

$$\begin{gathered}\boldsymbol{\xi}(k+1)=\boldsymbol{F}\boldsymbol{\xi}(k)+\boldsymbol{\Phi}\boldsymbol{z}(k)\\ \boldsymbol{u}(k)=\boldsymbol{\Gamma}\boldsymbol{\xi}(k)+\boldsymbol{J}\boldsymbol{z}(k)\end{gathered} \tag{1.13}$$

式中，$\boldsymbol{F}$、$\boldsymbol{\Phi}$、$\boldsymbol{\Gamma}$ 和 $\boldsymbol{J}$ 是描述控制器动态特性的定常矩阵；$\boldsymbol{\xi}(k)$ 是控制器的状态向量；在 $\boldsymbol{u}(k)$ 被控制器节点处理瞬间，$\boldsymbol{z}(k)$ 为最后一个有效的量测值，即有下式：

$$\boldsymbol{z}(k)=\boldsymbol{y}(k-i) \tag{1.14}$$

式中，$i=1,2,\cdots,j$。重新安排式(1.12) 和式(1.13)，并组合成以下形式：

$$\boldsymbol{X}(k+1)=\boldsymbol{\Omega}(k+1)\boldsymbol{X}(k) \tag{1.15}$$

式中，$\boldsymbol{X}(k)=\begin{bmatrix}\boldsymbol{x}(k)\\ \boldsymbol{y}(k-1)\\ \vdots\\ \boldsymbol{y}(k-j)\\ \boldsymbol{\xi}(k)\\ \boldsymbol{u}(k-1)\\ \vdots\\ \boldsymbol{u}(k-j)\end{bmatrix}$，为增广状态向量；$\boldsymbol{\Omega}(k+1)$ 为增广状态的转移

矩阵，可以通过系数矩阵 $\boldsymbol{G}$、$\boldsymbol{H}$、$\boldsymbol{C}$、$\boldsymbol{F}$、$\boldsymbol{\Gamma}$、$\boldsymbol{\Phi}$ 和 $\boldsymbol{J}$ 计算获得。

⑤ 随机延时的建模方法。Nilsson 提出了具有网络传输随机延时的网络控制系统数学模型。该方法的基本思想是将具有随机传输延时的网络控制系统作为线性二次高斯（linear quadratic Gaussian，LQG）系统来处理，但系统需满足以下假设。

ⅰ. 传感器节点是时间驱动方式，控制器节点和执行器节点是事件驱动方式。

ⅱ. 传感器节点到控制器节点和控制器节点到执行器节点的信息传输延时之和要小于一个采样周期，即满足 $\tau_{sc}(k)+\tau_{ca}(k)<h$。

ⅲ. 过去的所有网络传输延时数据都是已知的，可以作为概率计算的基础，即数据 $\{\tau_{sc}(0),\tau_{sc}(1),\cdots,\tau_{sc}(k-1),\tau_{ca}(0),\tau_{ca}(1),\cdots,\tau_{ca}(k-1)\}$ 是已知的。

考虑传感器节点到控制器节点和控制器节点到执行器节点信息传输延时的连续对象系统，可导出线性对象的离散数学模型，如下所示：

$$\begin{aligned} \boldsymbol{x}(k+1)&=\boldsymbol{\Phi x}(k)+\boldsymbol{\Gamma}(\boldsymbol{\tau}(k))\boldsymbol{u}(k)+\boldsymbol{\Psi}(\boldsymbol{\tau}(k))\boldsymbol{u}(k-1)+\boldsymbol{\omega}(k) \\ \boldsymbol{y}(k)&=\boldsymbol{Cx}(k)+\boldsymbol{\upsilon}(k) \end{aligned} \tag{1.16}$$

式中，$\boldsymbol{\tau}(k)=[\tau_{sc}(k),\tau_{ca}(k)]$；$\boldsymbol{\omega}(k)$和 $\boldsymbol{\upsilon}(k)$为零均值独立高斯白噪声随机过程。

1.3.3 网络控制系统的稳定性分析

系统稳定性是控制系统最重要的性能指标。由于网络控制系统存在着不确定的信息传输延时和数据包丢失等情况，故稳定性条件较通常系统要更为苛刻，对它开展研究也更为重要。下面将对近期出现的稳定性分析方法作一简单介绍。

① Lyapunov-Krasovskii 定理稳定性分析法。该方法是目前最常用的网络控制系统稳定性分析方法和镇定控制器设计策略。其主要思想如下。首先，将包含有界的、不确定的网络传输延时和数据包随机丢失的网络控制系统建模为一类具有时变输入网络传输延时的连续时间系统；然后，利用 Lyapunov-Krasovskii 定理和自由矩阵法，推导出线性矩阵不等式形式的网络控制系统渐近稳定或 H_∞ 稳定的充分条件；最后，通过矩阵变换将网络控制系统的稳定条件转化为线性矩阵不等式形式的反馈控制器镇定算法。

该方法的主要优点是数学计算比较简单，所设计的系统具有较小的保守性。

② 随机稳定性的 Lyapunov 第二定律分析法。Montestruque 等提出了基于模型的网络控制系统随机稳定性分析方法，分别给出了在数据包交换次数为恒定和时变两种情况下的随机稳定性分析方法。根据 Lyapunov 第二定律，导出了数据包更新次数为独立和均匀分布的渐近稳定性条件和均方稳定性条件，还研究了数据包更新次数具有马尔可夫特性时的均方稳定性条件。

基于模型的网络控制系统如图 1.9 所示。传感器节点检测到的被控对象状态就是被传送的数据包，将其用作控制器节点和执行器节点被控对象模型的更新。数据包在时刻 t_k 通过网络传输，定义数据包更新时间为两次数据包传递的间隔或模型更新时间，由下式表示：

$$h(k)=t_{k+1}-t_k \tag{1.17}$$

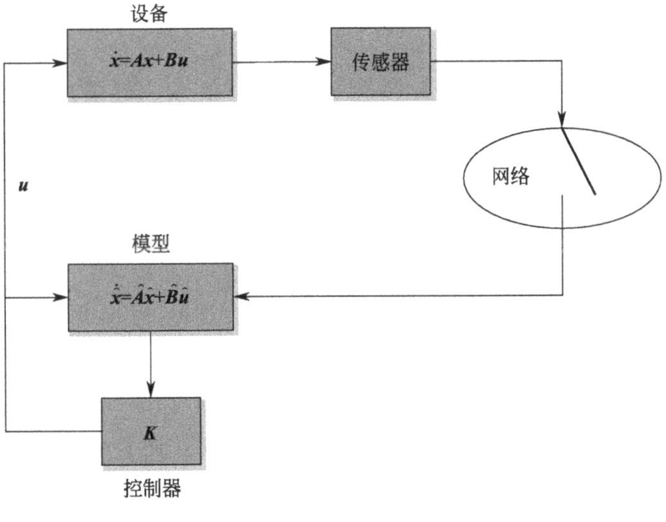

图 1.9　基于模型的网络控制系统

设图 1.9 所示系统的状态方程式如下所示：

$$\begin{bmatrix}\dot{\boldsymbol{x}}(t)\\ \dot{\boldsymbol{e}}(t)\end{bmatrix}=\begin{bmatrix}\boldsymbol{A}+\boldsymbol{BK} & -\boldsymbol{BK}\\ \widetilde{\boldsymbol{A}}+\widetilde{\boldsymbol{B}}\boldsymbol{K} & \widetilde{\boldsymbol{A}}-\widetilde{\boldsymbol{B}}\boldsymbol{K}\end{bmatrix}\begin{bmatrix}\boldsymbol{x}(t)\\ \boldsymbol{e}(t)\end{bmatrix} \tag{1.18}$$

式中，$t\in(t_k,t_{k+1})$；$\boldsymbol{A}$ 和 $\boldsymbol{B}$ 分别为被控对象的状态矩阵和输入矩阵；$\hat{\boldsymbol{A}}$ 和 $\hat{\boldsymbol{B}}$ 分别为模型的状态矩阵和输入矩阵，$\widetilde{\boldsymbol{A}}=\boldsymbol{A}-\hat{\boldsymbol{A}}$，$\widetilde{\boldsymbol{B}}=\boldsymbol{B}-\hat{\boldsymbol{B}}$；$\boldsymbol{e}(t)=\boldsymbol{x}(t)-\hat{\boldsymbol{x}}(t)$。为了方便数学推导，给出如下形式的定义。

$$
\begin{aligned}
\boldsymbol{z}(t) &= \begin{bmatrix} \boldsymbol{x}(t) \\ \boldsymbol{e}(t) \end{bmatrix} \\
\boldsymbol{\Lambda} &= \begin{bmatrix} \boldsymbol{A}+\boldsymbol{BK} & -\boldsymbol{BK} \\ \widetilde{\boldsymbol{A}}+\widetilde{\boldsymbol{B}}\boldsymbol{K} & \widetilde{\boldsymbol{A}}-\widetilde{\boldsymbol{B}}\boldsymbol{K} \end{bmatrix}
\end{aligned} \tag{1.19}
$$

设 $\boldsymbol{z}(t)$ 的初始条件为 $\boldsymbol{z}(t_0)=\begin{bmatrix} \boldsymbol{x}(t_0) \\ 0 \end{bmatrix}=\boldsymbol{z}_0$，则有如下形式的 $\boldsymbol{z}(t)$：

$$
\boldsymbol{z}(t)=\mathrm{e}^{\boldsymbol{\Lambda}(t-t_k)}\left[\prod_{j=1}^{k}\boldsymbol{M}(j)\right]\boldsymbol{z}_0 \tag{1.20}
$$

式中，$\boldsymbol{M}(j)=\begin{bmatrix} \boldsymbol{I} & 0 \\ 0 & 0 \end{bmatrix}\mathrm{e}^{\boldsymbol{\Lambda}h(j)}\begin{bmatrix} \boldsymbol{I} & 0 \\ 0 & 0 \end{bmatrix}$。

针对三种不同类型的网络传输延时，Montestruque 等给出了 Lyapunov 稳定性分析方法。

ⅰ. 数据包更新时间 $h(k)$ 是恒定的或处在某一范围之内，例如，$h\in[h_{\min},h_{\max}]$，但不知道 $h(k)$ 的统计特性时的 Lyapunov 稳定性分析。这是比较保守的一种稳定性分析方法。此时 Lyapunov 稳定性准则如下。对式(1.20) 所描述的控制系统，若存在一个对称正定矩阵 $\boldsymbol{X}$，满足 $\boldsymbol{Q}=\boldsymbol{X}-\boldsymbol{MXM}^{\mathrm{T}}$，对所有 $h\in[h_{\min},h_{\max}]$ 是正定的，则系统是渐近稳定的，其中：

$$
\boldsymbol{M}=\begin{bmatrix} \boldsymbol{I} & 0 \\ 0 & 0 \end{bmatrix}\mathrm{e}^{\boldsymbol{\Lambda}h}\begin{bmatrix} \boldsymbol{I} & 0 \\ 0 & 0 \end{bmatrix}
$$

ⅱ. 均方渐近稳定性分析。控制系统 $\dot{\boldsymbol{z}}=f(t,\boldsymbol{z})$ 在 $\boldsymbol{z}=0$ 处取得平衡状态，初始条件为 $\boldsymbol{z}(t_0)=\boldsymbol{z}_0$，如果满足如下条件，则该系统是全局均方渐近稳定的：

$$
\lim_{i\to\infty}\boldsymbol{E}\,\|\boldsymbol{z}(t,\boldsymbol{z}_0,t_0)\|^{\mathrm{T}}=0
$$

设数据包更新时间 $h(k)$ 是独立同分布的随机变量，其概率分布函数为 $F(h)$，如果满足如下条件：

$$
\boldsymbol{K}=\boldsymbol{E}\left[(\mathrm{e}^{\bar{\sigma}(\boldsymbol{\Lambda})h})^2\right]<\infty
$$

并且 $\boldsymbol{M}^{\mathrm{T}}\boldsymbol{M}$ 的期望的最大奇异值 $\|\boldsymbol{E}[\boldsymbol{M}^{\mathrm{T}}\boldsymbol{M}]\|=\bar{\sigma}(\boldsymbol{E}[\boldsymbol{M}^{\mathrm{T}}\boldsymbol{M}])$ 是严格小于 1 的，其中，$\boldsymbol{M}=\begin{bmatrix} \boldsymbol{I} & 0 \\ 0 & 0 \end{bmatrix}\mathrm{e}^{\boldsymbol{\Lambda}h}\begin{bmatrix} \boldsymbol{I} & 0 \\ 0 & 0 \end{bmatrix}$，则控制系统式(1.20) 是大范围均方渐近稳定的。

ⅲ. 数据包更新时间具有马尔可夫特性的均方渐近稳定性分析。设数据包更新时间可以从有限序列 $h(k)\in(h_1,h_2,\cdots,h_N)$ 中取得。数据包传输更新时间马尔可夫过程 $\{\omega(k)\}$ 的状态空间由 $h(k)\in(h_1,h_2,\cdots,h_N)$ 给出，其状态转移概率定义为 $p_{ij}=p\{\omega(k+1)=j\mid\omega(k)=i\}$，状态转移概率矩阵定义为 $\boldsymbol{\Gamma}$。数据包传输更新时间可以更一般地表示为 $h(k)=h_{\omega(k)}$。若存在正定矩阵 $\boldsymbol{P}(1)$，$\boldsymbol{P}(2),\cdots,\boldsymbol{P}(N)$，满足如下条件：

$$\sum_{j=1}^{N}p_{ij}\boldsymbol{H}^{\mathrm{T}}(i)\boldsymbol{P}(j)\boldsymbol{H}(i)-\boldsymbol{P}(i)<0 \tag{1.21}$$

式中，$i,j=1,2,\cdots,N$；$\boldsymbol{H}(i)=\mathrm{e}^{\boldsymbol{\Lambda}h_i}\begin{bmatrix}\boldsymbol{I} & 0\\ 0 & 0\end{bmatrix}$，则控制系统式(1.20) 在数据包更新时间具有马尔可夫特性的条件下是大范围均方稳定的。

对网络控制系统的稳定性分析还有其他方法，如时变延时的稳定性分析、随机过程稳定性分析、输入输出稳定性分析和指数全局稳定性分析等，本书不再逐一详述。

1.3.4　网络控制系统的控制策略

针对网络控制系统存在不确定、时变、随机的网络传输延时的特性，国内外学者提出了多种控制方法，如自适应控制、鲁棒控制、预测控制、随机控制和基于动态规划的最优控制等，已取得了较好的研究成果，本节将作一简要的综述。

1.3.4.1　最优随机控制方法

Nilsson 等基于随机控制理论，提出了网络控制系统的随机最优状态反馈控制方法。这种方法将包含网络传输随机延时的网络控制系统控制器设计问题转换为二次型最优状态反馈控制器设计问题。对式(1.16) 表示的随机系统模型最优控制的目标，使如下所示的二次型性能指标为极小：

$$\boldsymbol{J}(k)=\boldsymbol{E}[\boldsymbol{x}^{\mathrm{T}}(N)\boldsymbol{Q}_N\boldsymbol{x}(N)]+\boldsymbol{E}\left\{\sum_{i=0}^{N-1}\begin{bmatrix}\boldsymbol{x}(k)\\ \boldsymbol{u}(k)\end{bmatrix}^{\mathrm{T}}\boldsymbol{Q}\begin{bmatrix}\boldsymbol{x}(k)\\ \boldsymbol{u}(k)\end{bmatrix}\right\} \tag{1.22}$$

式中，$\boldsymbol{Q}_N$ 和 $\boldsymbol{Q}$ 为权矩阵。基于式(1.22) 的性能指标，按动态规划方法容易推导出最优状态反馈矩阵。控制信号可概念性表示为

$$\boldsymbol{u}(k)=-\boldsymbol{L}[k,\tau(k)]\begin{bmatrix}\boldsymbol{x}(k)\\ \boldsymbol{u}(k-1)\end{bmatrix} \tag{1.23}$$

式中，$\boldsymbol{L}[k,\tau(k)]$ 是 k 和 $\tau(k)$ 的函数。如果不能直接观测全状态信息，可应用状态估计方法获得，如 Kalman 滤波器。需要指出的是，在这种情况下，需要知道被控对象过去的全部输出和输入 $\{\boldsymbol{y}(0),\cdots,\boldsymbol{y}(k),\boldsymbol{u}(0),\cdots,\boldsymbol{u}(k-1)\}$ 以及伴随的网络传输延时信息。

1.3.4.2 H_∞和 μ 鲁棒控制方法

① H_∞鲁棒控制方法。于之训等利用线性分析变换，提出了网络控制系统的 H_∞ 和 μ 鲁棒控制器设计方法。对于复矩阵 $\boldsymbol{M}=\begin{bmatrix}\boldsymbol{M}_{11} & \boldsymbol{M}_{12}\\ \boldsymbol{M}_{21} & \boldsymbol{M}_{22}\end{bmatrix}\in \boldsymbol{C}^{(p_1+p_2)\times(q_1+q_2)}$，定义 $\boldsymbol{F}_l(\boldsymbol{M},\boldsymbol{\Delta}_l)$ 为 $\boldsymbol{M}$ 关于 $\boldsymbol{\Delta}_l$ 的下线性分析变换，其表达式如下所示：

$$\boldsymbol{F}_l(\boldsymbol{M},\boldsymbol{\Delta}_l)=\boldsymbol{M}_{11}+\boldsymbol{M}_{12}\boldsymbol{\Delta}_l(\boldsymbol{I}-\boldsymbol{M}_{22}\boldsymbol{\Delta}_l)^{-1}\boldsymbol{M}_{21} \tag{1.24}$$

式中，$\boldsymbol{\Delta}_l\in \boldsymbol{C}^{q_2\times p_2}$。图 1.10 所表示的传递函数就是对应式(1.24) 的下线性分析变换。

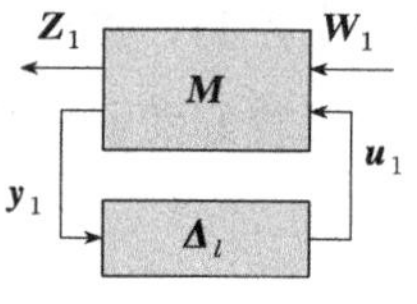

图 1.10　下线性分析变换图

H_∞最优控制标准结构如图 1.11 所示。对照图 1.10，其传递函数为下式：

$$\boldsymbol{W}_{\boldsymbol{WZ}}=\boldsymbol{G}_{11}+\boldsymbol{G}_{12}\boldsymbol{K}(\boldsymbol{I}-\boldsymbol{G}_{22})^{-1}\boldsymbol{G}_{21} \tag{1.25}$$

即为 $\boldsymbol{G}$ 关于 $\boldsymbol{K}$ 的下线性分析变换 $\boldsymbol{F}_l(\boldsymbol{M},\boldsymbol{\Delta}_l)$，其中，$\boldsymbol{G}=\begin{bmatrix}\boldsymbol{G}_{11} & \boldsymbol{G}_{12}\\ \boldsymbol{G}_{21} & \boldsymbol{G}_{22}\end{bmatrix}$。图 1.11 中，$\boldsymbol{W}$、$\boldsymbol{u}$、$\boldsymbol{Z}$ 和 $\boldsymbol{y}$ 都为向量。$\boldsymbol{W}$ 为外部信号，如参考输入、扰动和噪声等；$\boldsymbol{u}$ 为控制信号；$\boldsymbol{Z}$ 为被控对象输出信号；$\boldsymbol{y}$ 为控制器输入信号；$\boldsymbol{G}$ 表示广义被控对象，包括实际被控对象和权函数等；$\boldsymbol{K}$ 表示要设计的控制器。

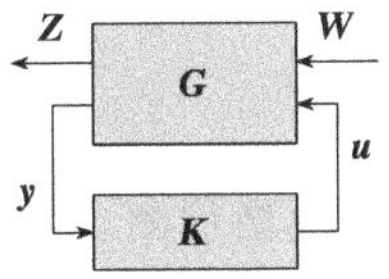

图 1.11　H_∞ 设计标准结构图

对传递函数 $\boldsymbol{F}(s)$，定义 H_∞ 范数为如下形式：

$$\|\boldsymbol{F}(s)\|_\infty=\sup_{\boldsymbol{W}}\bar{\sigma}[\boldsymbol{F}(j\omega)] \tag{1.26}$$

H_∞ 最优控制问题就是求一个物理上可实现的反馈控制器矩阵 $\boldsymbol{K}$，在满足系统稳定性条件下，使 $\|\boldsymbol{F}_l(\boldsymbol{G},\boldsymbol{K})\|$ 达到极小值。

② μ 鲁棒控制方法。μ 鲁棒控制方法结构如图 1.12 所示。其中，$\boldsymbol{P}$ 为广义被控对象，$\boldsymbol{K}$ 为待设计的控制器，$\boldsymbol{\Delta}$ 为扰动。通过变换，可将图 1.12 所示结构转换为图 1.13 所示结构。其中，$\boldsymbol{M}=\boldsymbol{F}_u(\boldsymbol{P},\boldsymbol{\Delta})$。对照图 1.11，$\mu$ 鲁棒控制问题可以转换为 H_∞ 鲁棒控制问题，只不过广义被控对象 $\boldsymbol{M}$ 中包含一个不确定的扰动 $\boldsymbol{\Delta}$。

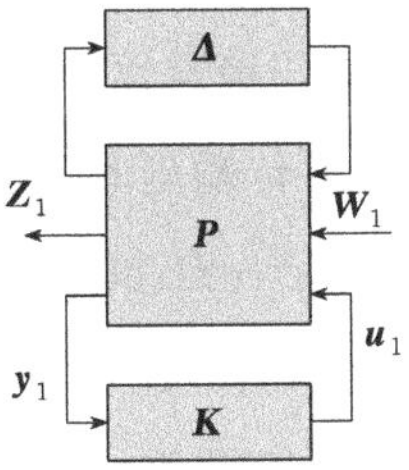

图 1.12　μ 设计标准结构图

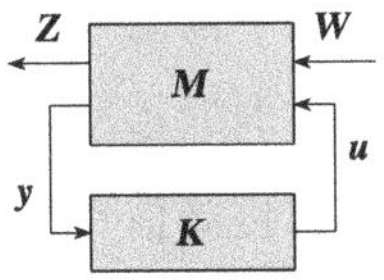

图 1.13　H_∞ 结构表示的 μ 设计原理图

μ 鲁棒控制的目标如下。寻求物理上可实现的控制器矩阵 $\boldsymbol{K}$，在满足系统稳定性的条件下，使得从 $\boldsymbol{W}$ 到 $\boldsymbol{Z}$ 的传递函数 $\boldsymbol{W}_{\boldsymbol{W}_1\boldsymbol{Z}_1}$ 的 H_∞ 范数 $\|\boldsymbol{F}_l(\boldsymbol{G},\boldsymbol{K})\|$ 达到极小值。所设计的控制器能在扰动 $\boldsymbol{\Delta}$ 作用下，保证闭环系统的鲁棒性。

1.3.4.3 预测控制方法

预测控制通常包含三个步骤：模型预测、滚动优化和反馈校正。预测控制的控制器不是通过一次离线计算完成，而是在每一个采样周期，根据当前系统状态对预测状态进行修正，重新在线计算新的控制器。因此，预测控制能够通过模型的自动调整克服网络控制系统由网络传输延时带来的不确定性。众多研究者尝试通过预测控制解决网络控制系统的稳定性分析问题和控制器设计问题。

网络控制系统从网络传输延时造成的影响来看可以归结为时滞系统，所以，针对时滞系统设计的控制器可以通过论证后用于网络控制系统。Jin-Quan Huang 等提出了一种递归神经网络预测反馈控制结构，用来解决一类不确定非线性动态时滞系统。这种反馈控制结构包含两个子系统，一个子系统是控制对象端本地线性子系统，另一个子系统是远程预测控制器。控制对象子系统使用一个递归神经网络，将时滞系统动力学特征近似为无时滞的非线性对象的动力学特征。权重更新计算全部在线完成，不需要离线预计算。远程预测控制器采用改进的史密斯预估器，它能进行预测并且保持所需要的跟踪性能。二者结合的自适应神经网络补偿方案可以解决非线性时滞系统的控制器设计问题与稳定性分析问题。

针对网络控制系统具有随机网络传输延时的特性，Deepak Srinivasagupta 等改进模型预测控制（model predictive control，MPC）算法为时间戳模型预测控制（time-stamped model predictive control，TSMPC）算法，算法使用一种通信延迟模型、时间戳和数据缓冲区以提高网络控制系统的可靠性。

格拉摩根大学的 Guoping Liu 教授所带领的研究团队在网络控制系统预测控制方面做了很多工作。2005 年，Guoping Liu 教授团队的 Junxia Mu 等同样通过对模型预测控制算法进行改进，解决了网络控制系统控制器设计问题，并且提高了系统的鲁棒性。当控制信号由于前向通道网络传输延时丢失或迟到时，模型预测控制算法可以产生未来采样周期的控制信号用以补偿。同时使用改进的史密斯预估器，用以补偿反馈通道的网络传输延时。在这种结构下，使用低通传递函数对延迟对象输出测量值和延迟开环模型输出之间的误差信号进行滤波，可以有效提高网络控制系统的鲁棒性。同时，Junxia Mu 给出了不确定性的范数边界。如果系统本身的不确定性以及前向通道和反馈通道延时引起的不确定性都在其范数边界内，那么系统一定是稳定的。

2007 年，Guoping Liu 教授讨论了网络控制系统的网络预测控制（networked predictive control，NPC）方法，给出了控制器设计方法和稳定性分析结论。假定网络传输延时仅存在于反馈通道，且网络传输延时可以是定长的，也可以是随机的。如果对应的开环系统稳定，则带有有界网络传输延时的闭环网络控制系统可以设计稳定的网络预测控制器。同年，采用相同的控制思路，Guoping Liu 教授等又提出了克服网络传输延时和数据包丢失的网络预测控制方法。该方法不仅考虑了反馈通道的网络传输延时，也考虑了正向通道的网络传输延时。考虑如下所示的多输入、多输出系统离散状态方程：

$$\begin{aligned} \boldsymbol{x}(k+1) &= \boldsymbol{G}\boldsymbol{x}(k)+\boldsymbol{H}\boldsymbol{u}(k) \\ \boldsymbol{y}(k) &= \boldsymbol{C}\boldsymbol{x}(k) \end{aligned} \tag{1.27}$$

式中，$\boldsymbol{x}(k)\in\boldsymbol{R}^{n}$，$\boldsymbol{u}(k)\in\boldsymbol{R}^{m}$，$\boldsymbol{y}(k)\in\boldsymbol{R}^{l}$，分别为系统的状态向量、输入向量和输出向量；$\boldsymbol{G}\in\boldsymbol{R}^{n\times n}$，$\boldsymbol{H}\in\boldsymbol{R}^{n\times m}$，$\boldsymbol{C}\in\boldsymbol{R}^{l\times n}$，分别为系统状态矩阵、输入矩阵和输出矩阵。设系统的状态观测值如下所示：

$$\hat{\boldsymbol{x}}(k+1,k)=\boldsymbol{G}\hat{\boldsymbol{x}}(k,k-1)+\boldsymbol{H}\boldsymbol{u}(k)+\boldsymbol{L}[\boldsymbol{y}(k)-\boldsymbol{C}\hat{\boldsymbol{x}}(k,k-1)] \tag{1.28}$$

式中，$\hat{\boldsymbol{x}}(k+1,k)$为超前一步预测，$\boldsymbol{u}(k)$为 k 时刻的观测器输入，矩阵 $\boldsymbol{L}\in\boldsymbol{R}^{n\times l}$ 可用观测器设计方法进行设计。基于直到 $k-n$ 时刻的输出数据，由观测器方程（1.28）可得从 $k-n$ 时刻到 k 时刻的状态预测结果，有如下所示的结构：

$$\begin{aligned} \hat{\boldsymbol{x}}(k-n+1,k-n) &= \boldsymbol{G}\hat{\boldsymbol{x}}(k-n,k-n-1) \\ &\quad +\boldsymbol{H}\boldsymbol{u}(k-n)+\boldsymbol{L}[\boldsymbol{y}(k-n)-\boldsymbol{C}\hat{\boldsymbol{x}}(k-n,k-n-1)] \\ \hat{\boldsymbol{x}}(k-n+2,k-n) &= \boldsymbol{G}\hat{\boldsymbol{x}}(k-n+1,k-n)+\boldsymbol{H}\boldsymbol{u}(k-n+1) \\ &\ \ \vdots \\ \hat{\boldsymbol{x}}(k,k-n) &= \boldsymbol{G}\hat{\boldsymbol{x}}(k-1,k-n)+\boldsymbol{H}\boldsymbol{u}(k-1) \end{aligned} \tag{1.29}$$

式中，n 为采样周期的整数倍。整理状态预测结果式（1.29），可以得到如下形式：

$$\begin{aligned} \hat{\boldsymbol{x}}(k,k-n) &= \boldsymbol{G}^{k-1}(\boldsymbol{G}-\boldsymbol{L}\boldsymbol{C})\hat{\boldsymbol{x}}(k-n,k-n-1) \\ &\quad +\sum_{j=1}^{k}\boldsymbol{G}^{n-j}\boldsymbol{H}\boldsymbol{u}(k-n+j-1)+\boldsymbol{G}^{n-1}\boldsymbol{L}\boldsymbol{y}(k-n) \end{aligned} \tag{1.30}$$

式中，$j=1$，2，…，n。当从 k 时刻到 $k+i$ 时刻时，如果前向通道存在网络传输延时和数据包丢失，则状态预测结果可表示为如下形式：

$$
\begin{aligned}
&\hat{\boldsymbol{x}}(k+1,k-n)=\boldsymbol{G}\hat{\boldsymbol{x}}(k,k-n)+\boldsymbol{H}\boldsymbol{u}(k,k-n)\\
&\hat{\boldsymbol{x}}(k+2,k-n)=\boldsymbol{G}\hat{\boldsymbol{x}}(k+1,k-n)+\boldsymbol{H}\boldsymbol{u}(k+1,k-n)\\
&\qquad\qquad\vdots\\
&\hat{\boldsymbol{x}}(k+i,k-n)=\boldsymbol{G}\hat{\boldsymbol{x}}(k+i-1,k-n)+\boldsymbol{H}\boldsymbol{u}(k+i-1,k-n)
\end{aligned}
\tag{1.31}
$$

式中，i 是采样周期的整数倍。假设采用极点配置方法设计控制器，在前向通道存在网络传输延时 i 和反馈通道存在网络传输延时 n 的情况下，预测控制可按下式计算：

$$
\boldsymbol{u}(k+1,k-n)=\boldsymbol{K}\hat{\boldsymbol{x}}(k+i,k-n) \tag{1.32}
$$

式中，状态反馈矩阵 $\boldsymbol{K}\in\boldsymbol{R}^{m\times n}$，从而有如下预测结果：

$$
\begin{aligned}
\hat{\boldsymbol{x}}(k+i,k-n)&=(\boldsymbol{G}+\boldsymbol{H}\boldsymbol{K})^{i}\hat{\boldsymbol{x}}(k,k-n)\\
&=(\boldsymbol{G}+\boldsymbol{H}\boldsymbol{K})^{i}\begin{bmatrix}\boldsymbol{G}^{n-1}(\boldsymbol{G}-\boldsymbol{L}\boldsymbol{C})\hat{\boldsymbol{x}}(k-n,k-n-1)\\ +\sum_{j=1}^{n}\boldsymbol{G}^{n-j}\boldsymbol{H}\boldsymbol{u}(k-n+j-1)\\ +\boldsymbol{G}^{n-1}\boldsymbol{L}\boldsymbol{y}(k-n)\end{bmatrix}
\end{aligned}
\tag{1.33}
$$

结果，在 k 时刻，网络预测控制系统的控制信号由如下表达式来确定：

$$
\begin{aligned}
\boldsymbol{u}(k,k-n)=&\boldsymbol{K}\boldsymbol{G}^{n-1}(\boldsymbol{G}-\boldsymbol{L}\boldsymbol{C})\hat{\boldsymbol{x}}(k-n,k-n-1)\\
&+\sum_{j=1}^{n}\boldsymbol{K}\boldsymbol{G}^{n-j}\boldsymbol{H}\boldsymbol{u}(k-n+j-1)+\boldsymbol{K}\boldsymbol{G}^{n-1}\boldsymbol{L}\boldsymbol{y}(k-n)
\end{aligned}
\tag{1.34}
$$

由于存在着前向通道网络传输延时 i 和反馈通道网络传输延时 n，被控对象的控制输入有如下形式：

$$
\boldsymbol{u}(k)=\boldsymbol{u}(k,k-i-n) \tag{1.35}
$$

这种网络预测控制算法需要极其精确的控制对象数学模型和准确的网络传输延时测量结果，对于实际控制系统来说，这两个要求往往很难满足。同样在2007年，Guoping Liu 团队中的 Wenshan Hu 等对该网络预测控制算法进行了改进，提出了基于事件驱动的网络预测控制算法，控制信号根据控制对象的输出计算产生，而不是根据测量到的网络传输延时产生。由于在控制信号传输过程中不需要任何实时的网络传输延时测量，这种方法能够极大提高存在模型不确定性的控制对象的控制性能。2008年，Wenshan Hu 等将网络控制系统推广到因特网，提出了基于模型的因特网预测控制算法。这种算法需要测量信号的往返传输延时，不需要分别测量正向通道的网络传输延时和反向通道的网络传输延时，所以，不要求系统的同步性，为算法的实际工程应用降低了难度。

2008年，Guoping Liu团队的Yunbo Zhao等也对预测控制器进行了改进。改进的预测控制器使用延时到达的传感器数据和一个改进的补偿机制来克服前向通道和反馈通道的网络传输延时和网络传输数据包丢失对控制系统造成的不良效应。这种改进方法不需要额外的通信通道，所以，它在实际中容易实现。

2009年，Guoping Liu团队对网络控制系统预测控制算法进行了改进。在改进中，重新考虑了网络传输延时的特性，从传感器到控制器和从控制器到执行器的网络传输延时都被认为是一个马尔可夫随机过程，可以用马尔可夫链来进行数学建模。这种建模允许控制器更恰当地处理离散事件，在处理过程中，以往的网络传输延时状态和统计模式将占有更重要的地位。研究最终给出了处理随机网络传输延时的新的多输入多输出网络预测控制系统框架和闭环网络预测控制系统随机稳定性判定准则。同时，Yunbo Zhao等提出了一种基于数据包的网络控制系统控制策略。Yunbo Zhao发现了控制网络环境内数据包的并发传输特性，这种特性说明了在控制网络内常常会出现一系列控制信号同时发送的情况。针对这种情况，Yunbo Zhao提出的控制策略将网络控制系统建模成一种新的模型。

2010年，经过进一步的研究，Guoping Liu又提出了一个网络控制系统的预测控制器，以解决网络传输延时和数据包传输丢失、乱序带来的控制系统性能下降。预测控制器采用主动补偿的方式工作，与被动补偿预测控制器相比，能够获得更好的扩展性能和系统稳定性。

2014年，Guoping Liu团队中的Rongni Yang等设计了网络控制系统输出反馈预测控制器。这种控制器可以有效补偿网络传输延时。更进一步，Rongni Yang还提出了一个时变预测控制器，可以处理混合随机延时。在采用这种方法时，控制系统被建模为马尔可夫跳变系统，这种方式能够有效处理离散时间域内的分布式网络传输延时。

Won-jong Kim等使用AR超时框架对传感器到控制器的网络传输延时和数据包丢失进行补偿。同时，设计状态估计器对控制对象未来的p个连续状态进行估计。如果执行器能够及时得到控制信号，将使用当时得到的控制信号进行控制；如果执行器不能够及时得到控制信号，可能是由网络传输延时造成也可能是由数据包丢失造成，将使用根据状态估计器的估计结果计算得到的控制信号进行控制。这种基于模型的估计算法能够同时有效地补偿两类网络传输延时和数据包丢失。

徐淑萍等提出了基于神经网络的预测控制方法解决存在网络随机延时的控制系统闭环控制的方法。预测控制方法选取含有一个隐含层的前向三层BP神经网络作为被控对象的模型，采用高效的Levenberg-Marquartdt学习规则训练模型。当模型已知且准确，预测状态 $\hat{\boldsymbol{x}}(k+1)$ 将会无限接近于实际状态 $\boldsymbol{x}(k+1)$，网络延时闭环控制系统的性能就会无限接近于不含延时环节的闭环控制系统的性能。

Dinh Quang Truong 等提出了一种基于变采样周期（variable sampling period，VSP）的控制策略，解决包含随机网络传输延时的非线性系统。变采样周期控制策略包含两种新的网络传输延时测量方法，即时延建模（time delay modeling，TDM）方法和时延预测（time delay prediction，TDP）方法。TDM通过观察一系列实际网络传输延时，测量控制系统的实际工作时间。TDP使用单变量一阶智能自适应不等区间灰色模型［smart adaptive unequal interval grey model，SAUIGM（1，1）］去预测下一个工作步骤的系统网络传输延时，用来调整采样周期。这种调整能够消除网络传输延时给系统性能带来的不良影响。

刘娟以兼顾网络传输延时的最小刻度时间基础值与符合被控对象性能要求的控制系统采样周期为准则，动态确定预测步数和控制周期。采用将网络控制系统采样周期与控制周期分离的思想，以满足网络传输延时约束条件的时变采样周期性作为广义预测控制器的数据输入采样周期，以满足被控对象性能条件的预测步长作为广义预测控制器的控制运算输出周期，实现了无线网络控制系统的稳定控制，克服了传统预测控制中人为确定预测步数的不足。

1.3.4.4 内模控制方法

内模控制系统结构如图1.14所示。其中，$G_p(s)$为被控对象，$G_m(s)$为内部模型，$G_c(s)$为内模控制器，$R(s)$、$U(s)$、$Y(s)$和$Y_m(s)$分别为给定输入、内模控制器输入、系统输出和内部模型输出，$e^{-\tau(k)s}$为网络传输延时环节。

由图1.14可得系统的传递函数如下所示：

$$G(s)=\frac{Y(s)}{R(s)}=\frac{G_c(s)G_p(s)e^{-\tau(k)s}}{1+G_c(s)[G_p(s)e^{-\tau(k)s}-G_m(s)]} \tag{1.36}$$

一般情况下，$G_m(s)=G_p(s)$，$G_c(s)=G_m^{-1}(s)f(s)$，$f(s)$为滤波器。设

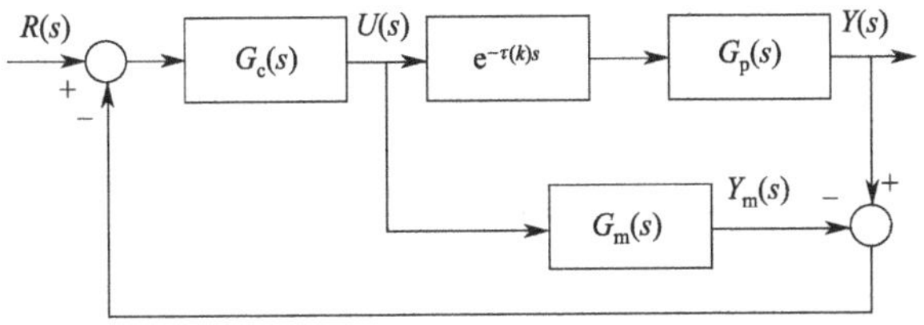

图 1.14 内模控制系统结构图

$f(s)=(\alpha s+1)^r$，α 称为滤波系数，$r=n_a-n_b$，为被控对象分母阶次和分子阶次之差。将延时环节 $e^{-\tau(k)s}$ 用一阶 Pade 方法进行线性化处理，结果如下式所示：

$$e^{-\tau(k)s}=\frac{1-\frac{\tau(k)}{2}s}{1+\frac{\tau(k)}{2}s} \tag{1.37}$$

将延时环节的一阶 Pade 展开式（1.37）代入系统的传递函数式（1.36）中，并设 $\beta=\frac{\tau(k)}{2}$，传递函数的线性近似表达式如下所示：

$$G(s)=\frac{1-\beta s}{(\alpha s+1)^r(1+\beta s)-2\beta s} \tag{1.38}$$

由式（1.38）可以看出，系统的性能取决于滤波系数 α 和网络传输延时 $\tau(k)$，由于 $\tau(k)$是时变的，可以通过调节 α 使系统达到满意的效果。

1.3.4.5 保性能控制器

俞立等用两个马尔可夫链分别描述反馈通道和前向通道的随机网络传输延时，将闭环网络控制系统建模成一个与当前时刻和过去时刻网络传输延时有关的马尔可夫随机时滞系统。应用线性矩阵不等式技术和 Lyapunov 方法得到一个闭环网络控制系统随机稳定且具有二次性能指标上界的充分条件，并给出了状态反馈保性能控制器的设计方法。张勇等将随机大时滞的网络控制系统模型化为具有不确定系数的时滞离散时间系统模型，然后利用 Lyapunov 稳定性理论和线性矩阵不等式方法，设计了状态反馈保成本控制律，使得闭环系统稳定，并且系统的性能指标不超过某个确定的上界。Wen-An Zhang 等不但设计了状态反馈保性能控制器，而且设计了输出反馈保性能控制器。Hongbo Song 等研究了随机协议网络控制系统的保性能控制器设计方法。

1.4 本书的工作

本书的研究对象是如图 1.4 所示的简单的网络控制系统，系统只包含单一的控制器和单一的被控对象。传感器节点采用时间驱动方式，在每一个采样周期开始时，执行量测工作，并将量测值存于一个数据包内，发送给控制器节点；控制器节点采用事件驱动方式，接收到传感器量测值后，控制器节点按预定控制策略开始计算控制信号，并发送控制信号给执行器节点，执行器节点执行控制动作。执行器节点视控制策略的不同而选择合适的节点驱动方式。

本书的主要研究内容如下：

第 1 章：简单回顾了自动控制理论的历史，控制学科、通信网络技术和计算机技术的融合过程，以及网络控制系统的发展历史，并给出了网络控制系统的结构和基本概念；对网络控制系统中有别于非网络控制系统的主要问题进行了简单介绍，阐明其存在的原因以及对控制系统的影响；从通过网络进行控制的角度，简要综述了目前网络控制系统的研究现状。

第 2 章：通过对实测获得的大量网络传输延时数据的统计学分析，了解网络传输延时的特性；引入了常见的三种网络传输延时模型——时不变网络传输延时模型、独立随机网络传输延时模型和由一个隐含的马尔可夫链决定的网络传输随机延时模型；介绍了带有时间戳的线性神经网络在网络传输延时在线预测上的应用，并给出了数值仿真结果。

第 3 章：将延时离散网络控制系统建模为具有时变时滞的离散系统；选择合适的泛函和零等式，利用 Lyapunov-Krasovskii 定理，推导出状态反馈和输出反馈网络控制系统渐近稳定和 H_∞ 稳定的充分条件；通过矩阵变换，将状态反馈网络控制系统稳定的充分条件转换成使系统渐近稳定和 H_∞ 稳定的控制器的设计方法。数值仿真证明了其可行性和优越性。

第 4 章：建立了无刷直流电动机网络控制系统的数学模型，并通过线性化处理，获得其近似的线性数学模型；针对网络传输延时缓慢变化的无刷直流电机网络调速系统，设计了 Narendra 模型参考自适应控制器；针对网络传输延时剧烈变化的无刷直流电机网络调速系统，使用带有时间戳的线性神经网络对网络传输延时进行在线预测，实时地获得当前采样周期的网络传输延时预测值，以便在每一个采样周期都能够得到确定的数学模型，并采用对象模型已知的模型参考自适应控制方法设计控制器，实现控制。数值仿真证明了其可行性和有效性。

第 5 章：利用动态规划的基本思想推导出了网络控制系统最优状态反馈控制器。为了克服网络控制系统中网络传输延时的不确定性和时变性，给出了两种解决策略：基于执行器节点时间驱动方式的动态规划方法和基于网络传输延时在线预测的动态规划方法。数值仿真证明了其可行性和有效性。

第 6 章：对本书的工作进行了总结，并对网络控制系统的研究进行了展望。

第2章 网络传输延时

2.1 网络传输延时的特性

在网络控制系统中，近地控制器和远地被控对象的传感器和执行器等设备间通过通信网络进行信息交换时，由于源自多个设备的信息流量变化不规则和难以预测、信息的多包传输和多路径传输、数据包碰撞与重传、数据包同时传输造成的网络拥塞、拥塞和干扰等原因造成的数据包丢失与数据包顺序错乱，以及硬件故障造成的连接中断等原因，信息在网络中的传输延时，简称网络传输延时，是不可避免且随机的。另外，网络上所传送的数据，包括周期性数据和猝发性数据，类型一般为包含控制信号和传感器反馈信息的短信息。网络中的节点数量较多，实时控制系统要求信号发送频率较高，因此要求调度协议能合理分配网络资源，协调所有网络节点，并对信息有足够快的反应。

网络传输延时的产生与长短，取决于不同类型控制网络的网络介质访问控制方式，大体上有固定时长的网络传输延时和随机时长的网络传输延时两种情况。基于现场总线和以太网的网络控制系统采用的介质访问控制方式主要有两类：令牌访问控制方式和 CSMA/CD 访问控制方式。在令牌访问控制方式下产生的网络传输延时是由循环调度的方式导致的，是可以估算的，如 Profibus 总线；而 CSMA/CD 访问控制方式产生的网络传输延时则是随机的、时变的，具有较大的不确定性，如以太网。

本节将对实测获得的大量以太网产生的网络传输延时数据进行统计学上的分析，以了解实际通信网络中的网络传输延时的基本统计学特性。分析所采用的网络传输延时数据是利用 Ping 方法实测获得的。图 2.1 给出了一天中不同时间段内五次实验实测网络传输延时的结果，每次实验执行 Ping 程序 10000 次。Ping 程序执行的主机 IP 地址为 10.14.112.162，执行对象的主机 IP 地址为 10.10.8.100，二者同属浙江大学校园网。

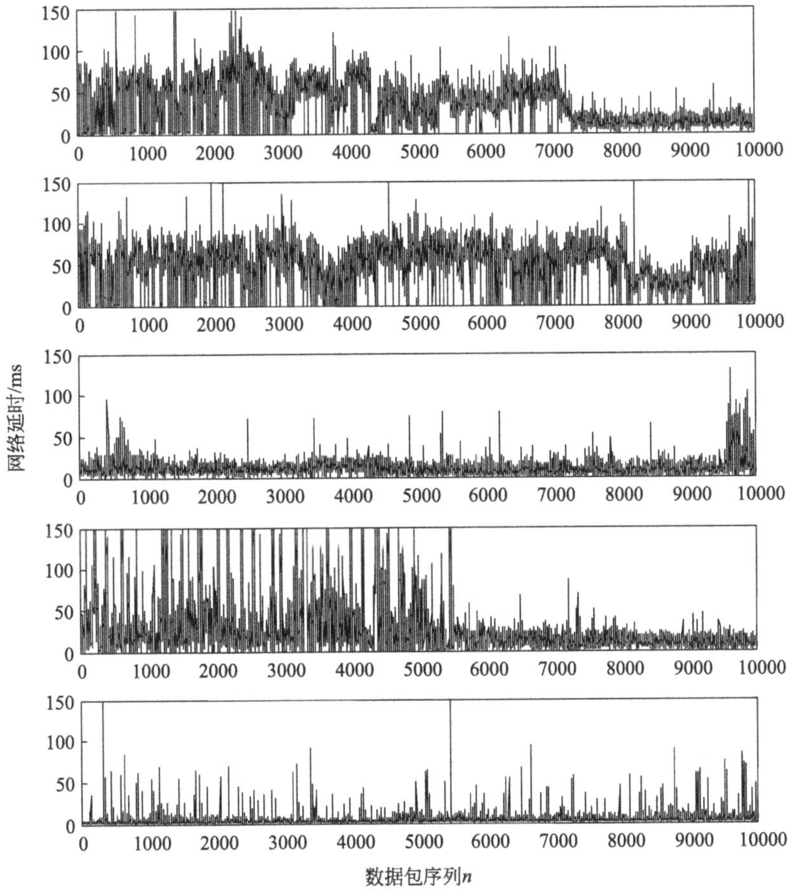

图 2.1　实测网络传输延时数据

表 2.1 给出了与图 2.1 相对应的各次实验所得网络传输延时数据的统计特征，从中可以得出以下结论：在不同的时刻，实时网络传输延时可能会有较大的差别，最大甚至可相差一千倍以上；网络传输延时具有一定的惯性，同一长短的网络传输延时往往会延续一段时间，一般是由于某种特定的网络负载存在于网络中，当这一网络负载变化时，网络传输延时会产生一个跳跃。比如，在上课时

间，实验室网络使用率比较低，此时的网络传输延时就相对小；在晚饭后这一段时间，大部分同学都在实验室参与工作，网络占用比较繁忙，此时的网络传输延时就相对大一些。可见，以太网的网络传输延时大小与网络使用者数量有密切关系。

表 2.1　实测网络传输延时数据统计特征

	第一次实验	第二次实验	第三次实验	第四次实验	第五次实验
最大延时/ms	541	840	130	331	1182
最小延时/ms	1	1	1	1	2
平均延时/ms	34.9162	50.8650	10.5304	28.5264	3.5725
延时方差	643.3	565.4	65.8	1362.4	170.8
丢包率/%	1.77	3.03	2.03	2.86	1.02

图 2.2 给出了网络传输延时数据的概率分布图，网络传输延时概率分布中不同程度的网络传输延时大小有不同的峰值。一般情况下，在小于 10ms 之内的范围里就会有一个最大的峰值，这个峰值是发生在网络负载最轻、网络最畅通的情况下。此时，从网络使用者的角度看，数据的传输速度最快、数据包丢失数量最少。而当网络负载逐渐变重时，一般网络传输延时会呈现比较均匀的分布，这一段一般在 20～80ms 之间。有的时候，网络传输延时的概率分布图在这一段会出现另一个或几个峰值，如图 2.2 所示，峰值的多少直接反映了网络负载变化和持续的程度，峰值的大小反映了对应网络传输延时的集中程度。而对于本次实验采用的通信网络，超过 80ms 的网络传输延时几乎没有出现过，这一数值由所用网络硬件带宽及网络上最大用户数量共同决定。

为了对网络传输延时有更进一步的认识，我们需要更多的统计数学工具。不同的统计学家提供了不同的相关性函数来定义数据相关性，本书采用如下相关性函数定义：

$$\rho(k)=\frac{\dfrac{1}{N}\sum_{i=1}^{N-k}\{[a(i)-\bar{a}][a(i+k)-\bar{a}]\}}{\dfrac{1}{N}\sum_{i=1}^{N}[a(i)-\bar{a}]^2} \tag{2.1}$$

式 (2.1) 表示在 N 个连续采样值构成的离散时间序列 $a(1),a(2),\cdots,a(N)$中距离为 k 的两个元素的线性相关系数。离散时间序列中的距离定义为两个

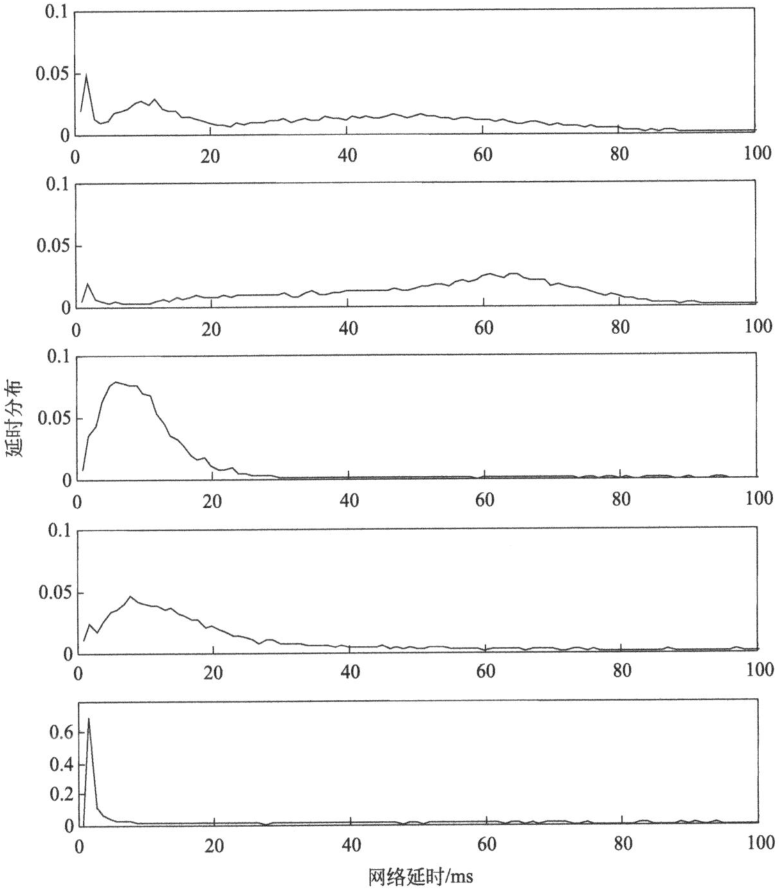

图 2.2　网络传输延时数据的分布图

元素的下标之差。其中，$k=0,1,\cdots,N-1$，$\bar{a}$ 表示该离散时间序列的采样平均值，分母表示 N 个连续采样值的自协方差。

图 2.3 按照式（2.1）的相关性定义，给出了实测网络传输延时之间的相关系数与距离关系图。网络传输延时之间最大的距离 N 取为 1000，图中，将未来的 1000 个值与当前值的线性相关系数绘制出来，可见，其相关系数是在 0 和 1 之间的小数。相关系数开始于 1，是由于其自相关系数为 1，接着，有一个快速的下降，然后相关系数基本上在零附近振荡；为了表示清楚，对原图进行局部放大，图 2.3 下图绘出了前 30 个数据的相关系数，可以看到相关系数变化的细节，在第 5 个数据之后，相关系数就在 0.4 之下了，在第 10 个数据之后，就接近于

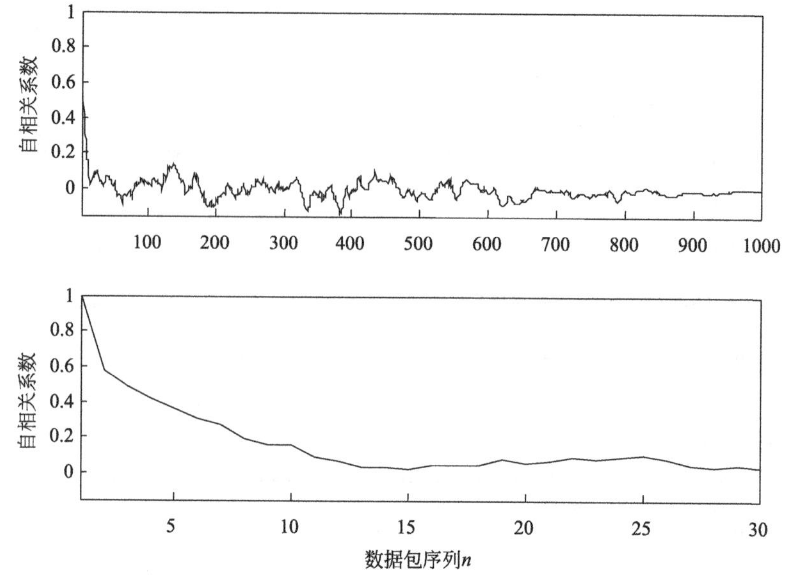

图 2.3　实测网络传输延时相关系数

零了。这种短期数据高相关性、长期数据低相关性的特性，保证了网络传输延时的可预测性。数据的相关性是一切线性预测方法的理论基础。

网络控制系统中的网络传输延时预测问题，在理论研究和工程实践中都有重大意义，早已引起了学术界广泛关注，大量文献给出了应用不同技术的网络传输延时实时预测方法。

Lisheng Wei 等提出了一种基于灰色理论和最优理论的最优灰色实时预测方法，并对网络传输延时进行了建模，其主要优点在于：不需要预知网络传输延时的统计特性，通过累加生成运算（accumulated generating operation，AGO）平滑原始数据序列，从而达到消除原始数据随机性的目的。孙立宁等给出了利用线性神经网络（linear neural networks，LNN）和径向基函数（radial basis function，RBF）神经网络技术进行延时预测的方法，并分析了其适用条件。Ehsan Kamrani 等使用自回归各态历经（autoregressive exogenous，ARX）模型和系统辨识技术对网络传输延时进行了预测和研究。Won-jong Kim 等给出了一种自回归（autoregressive，AR）建模方法，对网络传输延时进行预测。Li Hongyan 等应用自回归模型（autoregressive model，ARM）和自适应线性神经网络（adaptive linear neural networks，ALNN）模型来预测网络传输延时。李春茂等给出了一种在线最小二乘支持向量机（support vector machine，SVM）算法，对网络传输延时进行预测。Abouelabbas Ghanaim 等提出了一种两步法，用来对网络控制系统中的网络传输延时进行建模。第一步，构建了一个有色 Petri 网（colored Petri net，CPN）结构模型，对网络控制系统进行仿真；第二步，利用有限状态的马尔可夫模型对网络传输延时序列进行辨识，从而实现了对网络传输延时的预测。Peter、Xiaoping Liu 等应用基于最大熵原理（maximum entropy principle，MEP）的自适应算法，对网络传输延时的边界进行了预测，其突出优点在于，对于网络传输延时的突然和明显变化，该算法仍有非常好的预测性能。Xiaomin Tu 等对基于因特网的网络控制系统做了一定的工作。他们使用 Visual C＋＋开发了一款数据包往返网络传输延时（round trip time，RTT）测量软件，通过分析大量实测的数据包往返网络传输延时数据，总结网络传输延时的特性，并提出了一种基于数据波形处理方法和无偏灰色模型（unbiased grey model，UGM）的预测方法去预测因特网网络传输延时。

由于不同的网络采用的网络硬件与网络协议不同，网络传输延时相应地会表现出不同的统计特性。针对不同的统计特性，网络传输延时主要有三种常用模型：时不变网络传输延时模型、独立网络传输随机延时模型、由一个隐含的马尔可夫链确定概率分布的网络传输随机延时模型。

时不变网络传输延时建模是最简单，也最容易理解的一种方法，该方法将网络传输延时作为一个常值在所有采样周期内进行建模。当网络传输延时时变、随机时，实际网络传输延时往往如此，比较常见的操作是在每一次数据传输时引入一个时间缓冲区。当传输网络将数据传输到指定节点时，数据先存放于缓冲区。在指定的时间到来时进行缓冲区数据读取，将数据取出，参与控制过程。当网络传输延时远小于系统时间常数时，该方法采用网络传输延时均值或者最大值来建模，都能取得良好的网络传输延时预测效果。其不足之处是为了保证所有的网络传输延时相同，必须保证所设定的网络传输延时比任何一个实际产生的网络传输延时都要长，认为放大了网络传输延时。所以，人为设定的网络传输延时缓冲区长度往往偏大，导致系统性能有一定下降，且增加了硬件的开销，而这种下降是人为造成且不可避免的。

为了避免时不变网络传输延时建模带来的人为性能下降，时变网络传输延时建模被引入。时变网络传输延时建模可以分为独立网络传输延时建模与相关网络传输延时建模。

独立网络传输随机延时模型为了建模简单起见，假设当前采样周期的网络传输延时与前一采样周期的网络传输延时是相互独立的，不具备相关性。其缺点是与相关网络传输延时建模相比所建模型与实际情况偏差更大，这是因为实际的网络传输延时往往是由某种负载进入造成的，相邻网络传输延时常常具有一定的相关性。网络传输随机延时模型的概率分布是由网络协议特性和网络配置所确定的，一般采用正态分布。

相关网络传输延时建模比较常用的方法是采用马尔可夫链对相邻采样周期的网络传输延时之间的相互关系进行建模。不同的网络负载进入网络造成的网络传输延时状态可以定义为马尔可夫链的不同状态，由此，网络负载的变化便可以由马尔可夫链状态的转移进行描述。这样，每一个采样周期，马尔可夫链的状态做一次状态转移，而对于每一个不同的马尔可夫链状态，都有一个特定的网络传输随机延时的概率分布模型与之相对应，一般使用均值不同的正态分布。与独立网络传输随机延时建模方法相比，这种建模方法能更好地反映网络的实际情况，马尔可夫链状态的确定可以采用隐马尔可夫模型（hidden Markov model，HMM）估计获得。图 2.4 给出了一个三状态网络负载马尔可夫链模型，L 代表网络处于低负载状态，M 代表网络处于中负载状态，H 代表网络处于高负载状态，马尔可夫链的转移概率定义为如下形式：

$$q_{ij}=\{r_{k+1}=j \mid r_k=i\} \tag{2.2}$$

式中，r_k 为第 k 个采样周期的网络负载状态，$i,j\in[L,M,H]$。

当前采样周期的每一种网络负载状态，在下一个采样周期时都可能变为三种可能的网络负载状态中的一种，且其转移概率是一定的。周而复始，网络负载状态始终处于这三种状态之中。

2.2 网络传输延时线性神经网络预测方法

神经网络（neural networks，NN）是由大量简单的、被称为神经元的处理单元通过相互连接而形成的复杂网络系统，它能模仿人脑的许多基本特征，是一种高度复杂的非线性动力学系统。神经网络具有大规模并行、分布式存储和处

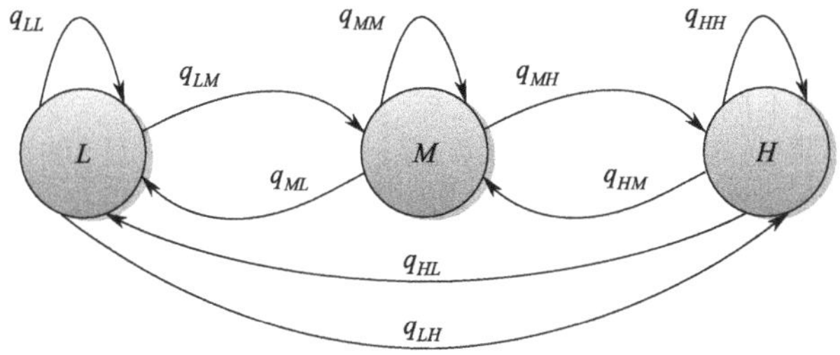

图 2.4　三状态网络负载马尔可夫链模型

理、自组织、自适应和自学习能力，拥有非线性和自适应性的信息处理能力，克服了传统人工智能方法过于依赖直觉的缺陷。神经网络技术特别适合应用于需要同时考虑许多因素和条件的、不精确和模糊的信息处理问题。而且，一旦将神经网络技术硬件化，其计算速度很快，基本能够满足网络控制系统的需要。在网络传输延时预测的过程中，通常采用时间戳技术来记录数据包从传感器节点发送的时间和执行器节点接收到数据包的时间，两个时间之差就是实际的网络传输延时。

基于神经网络的网络传输延时实时预测步骤如下。首先，需要确定神经网络的结构，包括神经网络的层数，输入层、输出层和隐藏层的细胞数量。这是神经网络应用的第一步。输入层的细胞数量和预测过程中的输入数量对应，输出层的细胞数量和预测结果数量对应。其次，采用连续记录的网络传输延时实测数值，对神经网络系统进行训练，获得神经网络的权值参数。训练时，需要选择合适的损失函数，找出能使它达到最小的权重参数。训练中的数据量尤为重要，大量的合理选择的数据将会生成有用的神经网络，否则，神经网络的性能将无法保证。最后，将过去相邻采样周期的网络传输延时实测数值，作为神经网络系统的输入样本，对当前采样周期的网络传输延时 $\tau(k)$ 进行预测，得到相应的网络传输延时预测值 $\hat{\tau}(k)$。如果需要动态修正神经网络，可以采用如下方法：每当通过时间戳技术获得一个新的网络传输延时实测值时，神经网络系统中的权矩阵与阈值都在线更新，以适应网络负载的变化，使网络传输延时的预测值能够符合最新的网络负载状况。如果系统的实时性要求比较高，在线更新网络权重参数就不可行了，需要使用提前训练好的网络。

在实时网络传输延时预测中，比较常用的神经网络包括线性神经网络和反向传播神经网络（back propagation neural networks，BPNN），前者速度略快，后者精度略高，可视不同的应用要求而选择。

2.2.1 网络传输延时的线性神经网络预测原理

线性神经网络是最简单的一种神经网络，由一个或多个线性神经元组成，每一个神经元的传递函数都是线性函数，因此线性神经网络的输出可以是任意值。线性神经网络主要用于函数逼近、信号处理、预测、模式识别和控制等方面。其突出优点是算法简单，速度快，容易实现。

图 2.5 给出了单个线性神经元的结构图，其中，$\boldsymbol{\omega}_i$ 为第 i 个输入的权值矩阵，$\boldsymbol{b}$ 为阈值，n 为输入向量元素的数目，神经元传递函数采用纯线性函数。线性神经元的输出与输入有如下所示关系：

$$\begin{aligned} output &= purelin(\boldsymbol{\omega}_1 i_1 + \boldsymbol{\omega}_2 i_2 + \cdots + \boldsymbol{\omega}_n i_n + \boldsymbol{b}) \\ &= \boldsymbol{\omega}_1 i_1 + \boldsymbol{\omega}_2 i_2 + \cdots + \boldsymbol{\omega}_n i_n + \boldsymbol{b} \end{aligned} \tag{2.3}$$

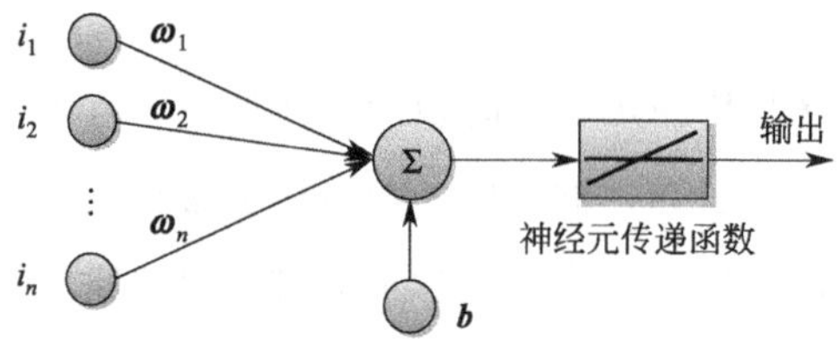

图 2.5　线性神经元模型

线性神经网络的训练算法采用 widrow-hoff 学习规则，又称最小均方差(least mean square，LMS) 算法。给定一系列的输入向量和相应的期望输出向量，每个输入都会产生一个实际网络输出，定义实际输出和期望输出的差别为训练误差，调整网络权值和阈值，使得训练误差的平方和最小或者小于某个给定值。

已知线性神经网络样本如下所示：

$$\{\boldsymbol{p}(1),\boldsymbol{q}(1),\boldsymbol{t}(1)\},\{\boldsymbol{p}(2),\boldsymbol{q}(2),\boldsymbol{t}(2)\},\cdots,\{\boldsymbol{p}(n),\boldsymbol{q}(n),\boldsymbol{t}(n)\} \tag{2.4}$$

其中，向量$\{\boldsymbol{p}(1),\boldsymbol{p}(2),\cdots,\boldsymbol{p}(n)\}$为 n 个连续网络传输延时实际测量值，

即为线性神经网络的输入值；向量$\{\boldsymbol{q}(1),\boldsymbol{q}(2),\cdots,\boldsymbol{q}(n)\}$为神经网络计算输出值，即为预测的下一时刻网络传输延时值；向量$\{\boldsymbol{t}(1),\boldsymbol{t}(2),\cdots,\boldsymbol{t}(n)\}$为相应的神经网络期望输出值，即为实际的下一时刻网络传输延时值。实际神经网络输出值$\{\boldsymbol{q}(k)\}$和对应的期望神经网络输出值$\{\boldsymbol{t}(k)\}$之间的差称为训练误差，训练误差的方差定义为如下形式：

$$\boldsymbol{e}^2(k)=[\boldsymbol{q}(k)-\boldsymbol{t}(k)]^2 \tag{2.5}$$

神经网络的训练是通过调整线性神经网络的权值和阈值，使线性神经网络的实际输出值$\{\boldsymbol{q}(k)\}$与对应的期望输出值$\{\boldsymbol{t}(k)\}$接近，即使式（2.5）表示的误差方差最小。最常用的梯度法就是巧妙地使用梯度来寻找函数最小值的方法，本例训练误差方差的梯度如下所示：

$$\begin{aligned}\frac{\partial \boldsymbol{e}^2(k)}{\partial \boldsymbol{\omega}_i(k)}&=2\boldsymbol{e}(k)\frac{\partial \boldsymbol{e}(k)}{\partial \boldsymbol{\omega}_i(k)}\\ \frac{\partial \boldsymbol{e}^2(k)}{\partial \boldsymbol{b}(k)}&=2\boldsymbol{e}(k)\frac{\partial \boldsymbol{e}(k)}{\partial \boldsymbol{b}(k)}\end{aligned} \tag{2.6}$$

基于近似梯度下降法，权值向量和阈值可以分别采用如下所示的公式进行调整：

$$\begin{aligned}\boldsymbol{\omega}_i(k+1)&=\boldsymbol{\omega}_i(k)+2\alpha\boldsymbol{e}(k)\boldsymbol{p}(k)\\ \boldsymbol{b}(k+1)&=\boldsymbol{b}(k)+2\alpha\boldsymbol{e}(k)\end{aligned} \tag{2.7}$$

其中，α为学习率。学习率决定了在一次学习中，应该学习多少，即在多大程度上更新参数。学习率过小，容易导致学习速度慢，算法效率低；学习率过大，容易导致学习过程在最小值附近振荡，无法收敛。一般情况下，先给定一个学习率，在学习过程中不断调整学习率，以保证学习方向正确。

2.2.2 网络传输延时的线性神经网络预测数值仿真

为了方便起见，本节采用神经网络工具箱的 *newlind*（）函数，该函数能直接用来设计神经网络的一个线性层。该函数通过确定的输入向量和目标输出向量来计算所设计线性层的权值和阈值，算法能够保证对于给定的输入产生的实际输出和期望的输出，二者误差平方和能够达到最小。仿真数据使用实测的网络传输延时数据，神经网络采用最简单的三输入、单输出、单层线性神经网络。

图 2.6 给出了基于线性神经网络的网络传输延时在线预测的结果，虚线为

实际的网络传输延时值，实线为使用上述线性神经网络获得的网络传输延时预测值；同时，给出了基于神经网络的网络传输延时预测误差曲线。由误差曲线图可知，对于变化率不大的网络传输延时，跟踪效果较好；对于网络传输延时突然出现的剧烈变化，线性神经网络需要一个过渡时间来调整参数，以便继续保持跟踪。这是因为线性神经网络的预测是根据已有数据的预测，只能学习已有数据模式推测结果，而不能对没有出现过的数据模式进行预测。

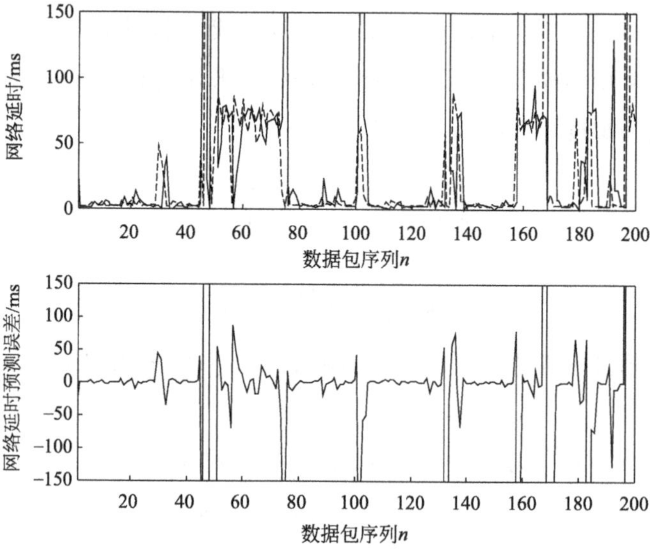

图 2.6　基于线性神经网络的网络传输延时预测结果

2.3　小结

通过对大量网络传输延时实测数据进行统计分析，可以得出以下结论：在不同的时间段，网络传输延时可能会有较大的差别，最大甚至可相差一千倍以上，这是由负载和硬件条件决定的；网络传输延时具有一定的惯性，同一程度的网络传输延时往往会延续一段时间，一般是由于某种特定的网络负载存在于网络中，当网络负载变化时，网络传输延时曲线会产生一个跳跃。

通过对大量网络传输延时实测数据相关性的分析可知，在时间上相邻的数据包，其网络传输延时具有高相关性；而相隔较长时间的数据包，其网络传输延时具有低相关性。在数轴的某一段区域内，网络传输延时的相关性与网络传输延时的采样距离成近似反比关系。数据的相关性是一切线性预测方法的可行基础，同时也指出，用邻近的网络传输延时值进行预测会有更好的预测效果，而用相距较远的网络传输延时进行预测，无法得到有意义的结果。

在综述了网络传输延时预测领域的相关文献的基础上，对应用较广的网络传输延时线性神经网络预测算法进行了仿真研究，建立了神经网络模型，采集了网络传输延时数据，并根据实测网络传输延时数据得到了网络传输延时预测数据曲线。与实际网络传输延时曲线进行直观比较，可以看出线性神经网络的网络传输延时预测效果是可以接受的。

第3章

网络控制系统的稳定性分析与镇定策略

3.1 引言

网络传输延时的存在使控制系统的分析和综合变得更加复杂和困难，同时，网络传输延时也往往是控制系统不稳定和控制性能变差的根源。从本质上来讲，由于网络传输延时的时变性和不确定性，网络控制系统就是具有时变性和不确定性时滞的时滞系统，可以用时滞系统的相关理论对其进行分析和综合。在过去的二十年间，鲁棒控制理论在时滞系统的稳定性分析和镇定控制器设计中都得到了广泛的应用，并取得了许多有效的成果。本章考虑采用鲁棒控制理论的方法研究网络控制系统，以期达到良好的控制效果和稳定性。

在现有的时滞系统稳定性条件中，根据是否依赖控制系统中时滞的大小，可以将稳定性条件分为两类：时滞无关的稳定性条件和时滞相关的稳定性条件。时滞无关的稳定性条件，是指在该条件下，对任何大小的时滞，控制系统都是渐近稳定的。由于这样的条件不需要了解系统的时滞信息，因此，适合于处理具有不确定性时滞和未知时滞的控制系统稳定性分析与综合问题。时滞相关的稳定性条件，是指在该条件下，对时滞的某些值，控制系统是稳定的，而对时滞的另外一些值，控制系统是不稳定的。因此，控制系统的稳定性依赖于系统的时滞大小。两种稳定性条件各有优劣。一般来说，时滞无关的稳定性条件比较保守，但也有其优点：首先，这样的条件往往更为简单；其次，由于时滞无关的稳定性条件可以允许控制系统的时滞是不确定的或未知的，从而不需要系统时滞的任何先验知识。时滞相关稳定性条件，往往针对特定系统能够得到更好的效果，但是，设计控制器时需要了解系统的时滞信息，或者会对系统的时滞提出要求。

目前，Lyapunov-Krasovskii 定理是给出时滞相关的稳定性条件的最常用方法。与 Lyapunov-Razumikhin 定理相比，Lyapunov-Krasovskii 定理采用 Lyapunov 泛函代替传统的 Lyapunov 函数，来获得使系统稳定的充分条件，能够有效地降低结果的保守性，对于网络控制系统来说，就是可以得到更大的最大容许网络传输延时上界。当前，在基于 Lyapunov-Krasovskii 定理的网络控制系统稳定性研究方法中，自由权矩阵法得到的结果保守性比较小。自由权矩阵法就是利用零等式将多个自由权矩阵引入到 Lyapunov 泛函的导数中，并通过合理的上限约束技术，保证 Lyapunov 泛函的导数小于 0，从而得到使系统渐近稳定的充分条件。最常用的零等式是如下所示的牛顿-莱布尼茨公式：

$$x(t)-x(t-\tau)-\int_{t-\tau}^{t}\dot{x}(s)\mathrm{d}s=0 \tag{3.1}$$

零等式确定之后，能够决定结果保守性的主要因素就是上限约束条件。上限约束条件的实施一般使用不等式变换技术，常用的不等式变换技术由如下引理给出。

引理 1：假设存在向量 $\boldsymbol{a}\in\boldsymbol{R}^n$、$\boldsymbol{b}\in\boldsymbol{R}^m$ 和矩阵 $\boldsymbol{N}\in\boldsymbol{R}^{n\times m}$，则对于满足如下所示矩阵不等式 $\begin{bmatrix}\boldsymbol{X} & \boldsymbol{Y}\\ \boldsymbol{Y}^{\mathrm{T}} & \boldsymbol{Z}\end{bmatrix}\geqslant 0$ 的任意矩阵 $\boldsymbol{X}\in\boldsymbol{R}^{n\times n}$、$\boldsymbol{Y}\in\boldsymbol{R}^{n\times m}$ 和 $\boldsymbol{Z}\in\boldsymbol{R}^{m\times m}$，都有如下所示不等式成立：

$$-2\boldsymbol{a}^{\mathrm{T}}\boldsymbol{N}\boldsymbol{b}\leqslant\inf_{\boldsymbol{X},\boldsymbol{Y},\boldsymbol{Z}}\begin{bmatrix}\boldsymbol{a}\\ \boldsymbol{b}\end{bmatrix}^{\mathrm{T}}\begin{bmatrix}\boldsymbol{X} & \boldsymbol{Y}-\boldsymbol{N}\\ \boldsymbol{Y}^{\mathrm{T}}-\boldsymbol{N}^{\mathrm{T}} & \boldsymbol{Z}\end{bmatrix}\begin{bmatrix}\boldsymbol{a}\\ \boldsymbol{b}\end{bmatrix}$$

引理 1 常常用于确定两个矢量内积的上界，矢量 $\boldsymbol{a}$ 和矢量 $\boldsymbol{b}$ 是两个自由矢量，为了确定其内积的上界，引入特殊形状的矩阵 $\boldsymbol{N}$，并给出其由矢量 $\boldsymbol{a}$、矢量 $\boldsymbol{b}$ 和矩阵 $\boldsymbol{N}$ 确定的内积上界。下面给出引理 1 的两个特例。两个特例通过使矩阵 $\boldsymbol{N}$ 取特殊的值 $\boldsymbol{I}$，获得两个不同的内积上界形式，应用于不同场合。

特例 1：引理 1 中，令 $\boldsymbol{Y}=\boldsymbol{I},\boldsymbol{Z}=\boldsymbol{X}^{-1},\boldsymbol{N}=\boldsymbol{I}$，则可得到如下所示矩阵不等式：

$$-2\boldsymbol{a}^{\mathrm{T}}\boldsymbol{b}\leqslant\inf_{\boldsymbol{X}>0}\{\boldsymbol{a}^{\mathrm{T}}\boldsymbol{X}^{-1}\boldsymbol{a}+\boldsymbol{b}^{\mathrm{T}}\boldsymbol{X}\boldsymbol{b}\}$$

特例 2：引理 1 中，令 $\boldsymbol{Y}=\boldsymbol{I}+\boldsymbol{X}\boldsymbol{M},\boldsymbol{Z}=(\boldsymbol{M}^{\mathrm{T}}\boldsymbol{X}+\boldsymbol{I})\boldsymbol{X}^{-1}(\boldsymbol{X}\boldsymbol{M}+\boldsymbol{I}),\boldsymbol{N}=\boldsymbol{I}$，则可得到如下所示矩阵不等式：

$$-2\boldsymbol{a}^{\mathrm{T}}\boldsymbol{b}\leqslant \inf_{\boldsymbol{X}>0,\boldsymbol{M}}\{(\boldsymbol{a}+\boldsymbol{Mb})^{\mathrm{T}}\boldsymbol{X}(\boldsymbol{a}+\boldsymbol{Mb})+\boldsymbol{b}^{\mathrm{T}}\boldsymbol{X}^{-1}\boldsymbol{b}+2\boldsymbol{b}^{\mathrm{T}}\boldsymbol{Mb}\}$$

有学者利用 Lyapunov-Krasovskii 定理对状态反馈闭环网络控制系统的稳定性分析与综合做了研究，选择引理 1 的特例 1 作为上限约束条件，该方法在设计控制器时要求给定调节参数。郭亚锋等对其进行了改进，选择更加简练的 Lyapunov 泛函，并以引理 1 代替引理 1 的特例 1 作为上限约束条件，对交叉项进行了更紧的界定，具有更低的保守性，同时，该方法不需要给定调节参数。本章在郭亚锋等人的工作基础上，将连续时间系统稳定性分析方法与镇定策略扩展到离散时间系统。离散系统与连续系统的建模方法与结论形式是相似的，但是由于离散系统的特殊性，证明过程是很不相同的。在此基础上，探讨了输出反馈闭环网络控制系统的稳定性分析方法。

3.2 预备知识与模型描述

3.2.1 预备知识

本章使用的主要数学工具是线性矩阵不等式（linear matrix inequality, LMI)，线性矩阵不等式处理方法是解决系统与控制理论领域中许多问题的重要工具。一个线性矩阵不等式就是具有如下结构形式的表达式：

$$\boldsymbol{F}(\boldsymbol{x})=\boldsymbol{F}_0+x_1\boldsymbol{F}_1+\cdots+x_m\boldsymbol{F}_m<0 \tag{3.2}$$

式中，$x_1,x_2,\cdots,x_m$ 是 m 个实数变量，称为线性矩阵不等式（3.2）的决策变量，$\boldsymbol{x}=(x_1,x_2,\cdots,x_m)^{\mathrm{T}}\in\boldsymbol{R}^m$ 是由决策变量构成的向量，称为决策向量，$\boldsymbol{F}_i=\boldsymbol{F}_i^{\mathrm{T}}\in\boldsymbol{R}^{n\times n}(i=0,1,\cdots,m)$是一组给定的实对称矩阵，式（3.2）中的不等号“$<$”指的是矩阵 $\boldsymbol{F}(\boldsymbol{x})$是负定的，即对所有的非零向量 $\boldsymbol{v}\in\boldsymbol{R}^n$，有 $\boldsymbol{v}^{\mathrm{T}}\boldsymbol{F}(\boldsymbol{x})\boldsymbol{v}<0$，或者 $\boldsymbol{F}(\boldsymbol{x})$的最大特征值小于零。

许多系统与控制问题中，变量是以矩阵形式出现的，问题本身通过适当的处理也可以转化成具有式（3.2）形式的一个线性矩阵不等式问题。一般的线性矩阵不等式问题，可以将其列成一个凸优化问题，并采用凸优化技术来进行数值求解，椭球法就是这样一种凸优化技术。1988 年，Yurii Nesterov 和 Arkadii Nemirovskii 提出了内点法，直接用来求解具有线性矩阵不等式约束的凸优化问题，取得了很好的效果。内点法为线性矩阵不等式约束的最优问题求解提供了有效的方法，正是它的出现，使得线性矩阵不等式成为处理系统与控制问题的一种有效工具。

为了得到本章的结果，给出如下数学引理 2。

引理 2：对给定的对称矩阵 $\boldsymbol{S}=\begin{bmatrix}\boldsymbol{S}_{11} & \boldsymbol{S}_{12}\\ \boldsymbol{S}_{21} & \boldsymbol{S}_{22}\end{bmatrix}$，其中，$\boldsymbol{S}_{11}$ 是 $r\times r$ 维的。以下三个条件是等价的：

ⅰ. $\boldsymbol{S}<0$；

ⅱ. $\boldsymbol{S}_{11}<0$，$\boldsymbol{S}_{22}-\boldsymbol{S}_{12}^{\mathrm{T}}\boldsymbol{S}_{11}^{-1}\boldsymbol{S}_{12}<0$；

ⅲ. $\boldsymbol{S}_{22}<0$，$\boldsymbol{S}_{11}-\boldsymbol{S}_{12}\boldsymbol{S}_{22}^{-1}\boldsymbol{S}_{12}^{\mathrm{T}}<0$。

引理 2 又称为 Schur 补性质。考虑分块矩阵 $\boldsymbol{S}=\begin{bmatrix}\boldsymbol{S}_{11} & \boldsymbol{S}_{12}\\ \boldsymbol{S}_{21} & \boldsymbol{S}_{22}\end{bmatrix}\in\boldsymbol{R}^{n\times n}$，其中，$\boldsymbol{S}_{11}$ 是 $r\times r$ 维的。假定 $\boldsymbol{S}_{11}$ 是非奇异的，则 $\boldsymbol{S}_{22}-\boldsymbol{S}_{12}^{\mathrm{T}}\boldsymbol{S}_{11}^{-1}\boldsymbol{S}_{12}$ 称为 $\boldsymbol{S}_{11}$ 在 $\boldsymbol{S}$ 中的 Schur 补。该引理常常用于将非线性矩阵不等式问题转化为线性矩阵不等式问题。

3.2.2 系统建模

为了对网络控制系统进行分析与控制器设计，需要先对其进行数学建模。对于网络控制系统，除了需要考虑控制对象本身的数学模型以外，还需要考虑网络相关的很多因素。这些因素的不同决定了网络控制系统数学建模的不同方式，同时，这些因素又是由网络控制系统物理设备和研究重点选择决定的。主要影响网络控制系统数学建模的因素包含以下几个：

① 传感器、执行器和控制器的位置。传感器和执行器可能和控制器放在一起，也可能通过工业控制网络放在远端，可以传感器或者控制器单独放在远端，也可以二者同时放在远端。它们的位置决定了数学模型需要考虑的网络传输延时，可能只有正向通道的网络传输延时，也可能只有反馈通道的网络传输延时，或者二者都需要考虑。

② 数据网络传输的打包形式。数据可以集中于一个数据包内，也可以分散到不同的数据包里。这主要是由传输协议决定。当数据分散在不同的数据包内

时，可以传输任意大小和精度的数据。但是这无形中加重了工业控制网络的负担，对硬件有更高的要求，数据冲突、丢包、顺序混乱发生的可能性更大，网络传输延时也将更长。当数据在一个数据包内时，受到数据包容量限制，数据传输的内容必须有所取舍，精度也不能太高。但是，这种方式将极大地降低工业控制网络的负担，能有效减少上述不良反应，减小网络传输延时，减少网络冲突。

③ 数据包顺序错乱与丢失。有些研究主要考虑网络传输延时对网络控制系统的影响，数学模型就不需要包含数据包传输错乱和丢失的情况，常常假设数据包不会丢失或者顺序错乱。这种假设可以通过硬件设计和协议选择进行保证。有些研究则不同，他们希望数学模型能够反映网络控制系统的一切特性，那么数据包顺序错乱和丢失就必须能够被数学模型反映出来。

④ 节点的驱动形式。传感器节点、执行器节点和控制器节点在过去的研究和工程应用中可以有两种不同的驱动形式——时间驱动和事件驱动，以适应不同的需求。时间驱动是指节点在指定的时间动作。在指定的时间，传感器节点采集并发送传感器采集的数据，执行器节点接收到传感器数据以后，并不进行控制信号的计算动作，需要等到指定时间，控制器才开始计算控制信号并发送，同样，执行器节点接收到控制信号后并不会立刻执行动作，而是需要等待，直到指定的动作时间，执行器节点才开始执行控制器给出的动作。如果在控制器节点和执行器节点动作时，上一节点的数据尚未到达，可以使用前一次的数据进行计算和动作，当然，这会造成一定的系统性能下降，因为前一次的数据并不能反映控制对象的当前情况。一般情况下，系统指定的动作时间都是等间隔的。事件驱动则是指一有事件发生，响应节点就进行动作。传感器节点采集的传感器数据一到达控制器节点，控制器不考虑时间信息，立刻开始计算控制信号，当控制信号计算完毕，立刻将控制信号通过工业控制网络发送给执行器节点，而执行器节点接收到控制信号，也不考虑时间信息，立刻执行控制器要求的动作。采用这种方式，控制器节点和执行器节点的动作时间是随机的，而非事先设定的。当网络通畅，数据传输及时时，这种方式可以让执行器节点尽可能快地执行动作，能够获得较好的系统性能；当网络不通畅，数据传输不及时时，这种方式能够保证控制器节点和执行器节点等到本次使用数据到达再开始动作，不会采用旧的数据进行动作，造成系统的错误动作。

本章只考虑网络传输延时这一主要因素对网络控制系统性能的影响和在其影

响下如何设计控制器，所以对网络控制系统的建模做出以下假设。

ⅰ. 传感器量测数据与控制信号都采用单包传输。

ⅱ. 传感器节点采用时间驱动方式，控制器节点与执行器节点采用事件驱动方式。

ⅲ. 传感器节点和执行器节点都放在控制器节点的远端，所以，需要考虑传感器节点到控制器节点的网络传输延时和控制器节点到执行器节点的网络传输延时，并且它们都是有界的。传感器节点到控制器节点的网络传输延时设为$\tau_{sc}(k)\in[0,\bar{\tau}_{sc}]$个采样周期，控制器节点到执行器节点的网络传输延时设为$\tau_{ca}(k)\in[0,\bar{\tau}_{ca}]$个采样周期，其中，$\bar{\tau}_{sc}$为传感器节点到控制器节点的网络传输延时上界，$\bar{\tau}_{ca}$为控制器节点到执行器节点的网络传输延时上界。

ⅳ. 不考虑网络传输过程中数据包顺序错乱与丢失。

考虑离散被控对象本身的数学模型如下所示：

$$\begin{aligned}\boldsymbol{x}(k+1)&=\boldsymbol{A}\boldsymbol{x}(k)+\boldsymbol{B}\boldsymbol{u}(k)+\boldsymbol{E}\boldsymbol{\omega}(k)\\ \boldsymbol{z}(k)&=\boldsymbol{C}\boldsymbol{x}(k)+\boldsymbol{D}\boldsymbol{\omega}(k)\end{aligned}\tag{3.3}$$

式中，$\boldsymbol{x}(k)\in\boldsymbol{R}^n$是系统的状态向量；$\boldsymbol{u}(k)\in\boldsymbol{R}^m$是控制输入；$\boldsymbol{\omega}(k)\in\boldsymbol{R}^p$是外部扰动输入，且是平方可和的，即$\boldsymbol{\omega}(k)\in\boldsymbol{L}_2[0,\infty)$；$\boldsymbol{z}(k)\in\boldsymbol{R}^q$是被调输出；$\boldsymbol{A}\in\boldsymbol{R}^{n\times n}$、$\boldsymbol{B}\in\boldsymbol{R}^{n\times m}$、$\boldsymbol{E}\in\boldsymbol{R}^{n\times p}$、$\boldsymbol{C}\in\boldsymbol{R}^{m\times n}$和$\boldsymbol{D}\in\boldsymbol{R}^{m\times p}$是描述系统模型的已知实常数矩阵。

考虑状态反馈闭环控制时，可以将传感器节点到控制器节点的网络传输延时$\tau_{sc}(k)$和控制器节点到执行器节点的网络传输延时$\tau_{ca}(k)$合并，得到总的网络传输延时如下所示：

$$\tau(k)=\tau_{sc}(k)+\tau_{ca}(k)$$

由于反馈通道和前馈通道的网络传输延时是分别有界的，所以总的网络传输延时也是有界的，即$\tau(k)\in[0,\bar{\tau}]$，其中，$\bar{\tau}$为总的网络传输延时上界。所以，状态反馈控制律具有如下形式：

$$\boldsymbol{u}(k)=\boldsymbol{F}\boldsymbol{x}(k-\tau(k))\tag{3.4}$$

式中，$\boldsymbol{F}\in\boldsymbol{R}^{m\times n}$为描述控制律的常矩阵。将式（3.4）代入离散被控对象式（3.3），则状态反馈闭环网络控制系统方程在状态反馈控制律确定的情况下可以变换为如下形式：

$$\begin{aligned}&\boldsymbol{x}(k+1)=\boldsymbol{A}\boldsymbol{x}(k)+\boldsymbol{B}\boldsymbol{F}\boldsymbol{x}(k-\tau(k))+\boldsymbol{E}\boldsymbol{\omega}(k)\\&\boldsymbol{z}(k)=\boldsymbol{C}\boldsymbol{x}(k)+\boldsymbol{D}\boldsymbol{\omega}(k)\end{aligned}\tag{3.5}$$

控制系统往往仅对或仅能对被控对象的输出进行量测，而且系统的状态变量也不总是完全可测的，因此，对输出反馈控制器的研究在很多情况下都是很有必要的。考虑输出反馈闭环控制时，设输出反馈控制器方程有如下形式：

$$\begin{aligned}&\boldsymbol{x}_{\mathrm{c}}(k+1)=\boldsymbol{A}_{\mathrm{c}}\boldsymbol{x}_{\mathrm{c}}(k)+\boldsymbol{B}_{\mathrm{c}}\boldsymbol{u}_{\mathrm{c}}(k)\\&\boldsymbol{z}_{\mathrm{c}}(k)=\boldsymbol{C}_{\mathrm{c}}\boldsymbol{x}_{\mathrm{c}}(k)\end{aligned}\tag{3.6}$$

式中，$\boldsymbol{A}_{\mathrm{c}}$、$\boldsymbol{B}_{\mathrm{c}}$ 和 $\boldsymbol{C}_{\mathrm{c}}$ 为适当维数的描述控制律的常矩阵。

在输出反馈闭环网络控制系统中，传感器节点到控制器节点的网络传输延时 $\tau_{\mathrm{sc}}(k)$可以看作是量测延时，控制器节点到执行器节点的网络传输延时 $\tau_{\mathrm{ca}}(k)$可以看作是被控对象的输入延时，二者必须分开单独考虑，即有如下形式的表达式：

$$\begin{aligned}&\boldsymbol{u}_{\mathrm{c}}(k)=\boldsymbol{z}(k-\tau_{\mathrm{sc}}(k))\\&\boldsymbol{u}(k)=\boldsymbol{z}_{\mathrm{c}}(k-\tau_{\mathrm{ca}}(k))\end{aligned}\tag{3.7}$$

将式（3.7）代入离散被控对象式（3.3），则输出反馈闭环网络控制系统在输出反馈控制律确定的情况下方程可以变换为如下形式：

$$\begin{aligned}&\boldsymbol{x}(k+1)=\boldsymbol{A}\boldsymbol{x}(k)+\boldsymbol{B}\boldsymbol{C}_{\mathrm{c}}\boldsymbol{x}_{\mathrm{c}}(k-\tau_{\mathrm{ca}}(k))+\boldsymbol{E}\boldsymbol{\omega}(k)\\&\boldsymbol{x}_{\mathrm{c}}(k+1)=\boldsymbol{A}_{\mathrm{c}}\boldsymbol{x}_{\mathrm{c}}(k)+\boldsymbol{B}_{\mathrm{c}}\boldsymbol{C}\boldsymbol{x}(k-\tau_{\mathrm{sc}}(k))+\boldsymbol{B}_{\mathrm{c}}\boldsymbol{D}\boldsymbol{\omega}(k-\tau_{\mathrm{sc}}(k))\\&\boldsymbol{z}(k)=\boldsymbol{C}\boldsymbol{x}(k)+\boldsymbol{D}\boldsymbol{\omega}(k)\end{aligned}\tag{3.8}$$

需要指出的是，系统（3.5）的外部扰动输入是 $\boldsymbol{\omega}(k)$，而系统（3.8）的外部扰动输入则是 $\boldsymbol{\omega}(k)$和 $\boldsymbol{\omega}(k-\tau_{\mathrm{sc}}(k))$，合记为如下的外部扰动输入向量：

$$\boldsymbol{v}(k)=\begin{bmatrix}\boldsymbol{\omega}(k)\\\boldsymbol{\omega}(k-\tau_{\mathrm{sc}}(k))\end{bmatrix}\tag{3.9}$$

本章后面的内容将在网络控制系统数学模型(3.3)～(3.9)的基础上，采用矩阵不等式作为数学工具，应用 Lyapunov-Krasovskii 稳定性理论，陆续提出并证明 7 个定理，用以分析网络控制系统的稳定性和设计网络控制系统的控制器。定理 1～定理 5 是分析网络控制系统稳定性的理论工具，给出了闭环网络控制系统稳定的充分条件，定理 6～定理 7 可以在工程上用来设计稳定的闭环网络控制系统控制器。从反馈类型和稳定性类型两个角度可以将定理 1～定理 5 分为 4 种不同的类型，总结如表 3.1 所示。

表 3.1　闭环网络控制系统稳定性分析定理分类

分类	状态反馈	输出反馈
渐近稳定	定理 1、定理 3	定理 4
H_∞稳定	定理 2	定理 5

定理 6～定理 7 为设计网络控制系统控制器的方法，均使用状态反馈信号计算控制信号。定理 6 用来设计渐近稳定控制器，定理 7 用来设计 H_∞ 稳定控制器。

3.3　状态反馈闭环网络控制系统稳定性分析

定理 1 给出状态反馈闭环网络控制系统（3.5）渐近稳定的充分条件。

定理 1： 对于给定的状态反馈控制律 $\boldsymbol{F}$，如果存在适当维数的对称矩阵 $\boldsymbol{P}>0$、$\boldsymbol{Q}>0$、$\boldsymbol{M}=\begin{bmatrix}\boldsymbol{M}_{11} & \boldsymbol{M}_{12}\\ \boldsymbol{M}_{21} & \boldsymbol{M}_{22}\end{bmatrix}$，以及矩阵 $\boldsymbol{Y}=\begin{bmatrix}\boldsymbol{Y}_1\\ \boldsymbol{Y}_2\end{bmatrix}$，使得下列矩阵不等式成立

$$\begin{bmatrix}\boldsymbol{M} & \boldsymbol{Y}\\ \boldsymbol{Y}^{\mathrm{T}} & \boldsymbol{Q}\end{bmatrix}\geqslant 0 \tag{3.10}$$

$$\begin{bmatrix}\boldsymbol{\Psi}_{11} & \boldsymbol{\Psi}_{12}\\ \boldsymbol{\Psi}_{21} & \boldsymbol{\Psi}_{22}\end{bmatrix}<0 \tag{3.11}$$

则对于任意网络传输延时 $\tau(k)\in[0,\bar{\tau}]$，状态反馈闭环网络控制系统（3.5）是渐近稳定的。其中，

$$\boldsymbol{\Psi}_{11}=\boldsymbol{A}^{\mathrm{T}}\boldsymbol{P}\boldsymbol{A}-\boldsymbol{P}+\bar{\tau}(\boldsymbol{A}^{\mathrm{T}}-\boldsymbol{I})\boldsymbol{Q}(\boldsymbol{A}-\boldsymbol{I})+\bar{\tau}\boldsymbol{M}_{11}+2\boldsymbol{Y}_1$$

$$\boldsymbol{\Psi}_{12}=\boldsymbol{A}^{\mathrm{T}}\boldsymbol{P}\boldsymbol{B}\boldsymbol{F}+\bar{\tau}(\boldsymbol{A}^{\mathrm{T}}-\boldsymbol{I})\boldsymbol{Q}\boldsymbol{B}\boldsymbol{F}+\bar{\tau}\boldsymbol{M}_{12}-2\boldsymbol{Y}_1$$

$$\boldsymbol{\Psi}_{21}=\boldsymbol{F}^{\mathrm{T}}\boldsymbol{B}^{\mathrm{T}}\boldsymbol{P}\boldsymbol{A}+\bar{\tau}\boldsymbol{F}^{\mathrm{T}}\boldsymbol{B}^{\mathrm{T}}\boldsymbol{Q}(\boldsymbol{A}-\boldsymbol{I})+\bar{\tau}\boldsymbol{M}_{21}+2\boldsymbol{Y}_2$$

$$\boldsymbol{\Psi}_{22}=\boldsymbol{F}^{\mathrm{T}}\boldsymbol{B}^{\mathrm{T}}\boldsymbol{P}\boldsymbol{B}\boldsymbol{F}+\bar{\tau}\boldsymbol{F}^{\mathrm{T}}\boldsymbol{B}^{\mathrm{T}}\boldsymbol{Q}\boldsymbol{B}\boldsymbol{F}+\bar{\tau}\boldsymbol{M}_{22}-2\boldsymbol{Y}_2$$

证明： 考虑选取如下 Lyapunov 泛函。

$$\boldsymbol{V}(k)=\boldsymbol{x}^{\mathrm{T}}(k)\boldsymbol{P}\boldsymbol{x}(k)+\sum_{i=-\overline{\tau}}^{-1}\sum_{j=k+i+1}^{k}[\boldsymbol{x}^{\mathrm{T}}(j)-\boldsymbol{x}^{\mathrm{T}}(j-1)]\boldsymbol{Q}[\boldsymbol{x}(j)-\boldsymbol{x}(j-1)] \tag{3.12}$$

式中，矩阵 $\boldsymbol{P}\in\boldsymbol{R}^{n\times n}$ 和 $\boldsymbol{Q}\in\boldsymbol{R}^{n\times n}$ 均为正定矩阵，考虑泛函选取的形式，根据矩阵正定的定义，很容易证明如下形式的矩阵不等式：

$$\boldsymbol{V}(k)>0$$

为了书写方便，将原泛函 $\boldsymbol{V}(k)$ 分成两个子泛函 $\boldsymbol{V}_1(k)$ 和 $\boldsymbol{V}_2(k)$，形式分别如下所示：

$$\boldsymbol{V}_1(k)=\boldsymbol{x}^{\mathrm{T}}(k)\boldsymbol{P}\boldsymbol{x}(k)$$

$$\boldsymbol{V}_2(k)=\sum_{i=-\overline{\tau}}^{-1}\sum_{j=k+i+1}^{k}[\boldsymbol{x}^{\mathrm{T}}(j)-\boldsymbol{x}^{\mathrm{T}}(j-1)]\boldsymbol{Q}[\boldsymbol{x}(j)-\boldsymbol{x}(j-1)]$$

分别求取两个子泛函 $\boldsymbol{V}_1(k)$ 和 $\boldsymbol{V}_2(k)$ 的差分，结果如下所示：

$$\Delta\boldsymbol{V}_1(k)=\boldsymbol{x}^{\mathrm{T}}(k+1)\boldsymbol{P}\boldsymbol{x}(k+1)-\boldsymbol{x}^{\mathrm{T}}(k)\boldsymbol{P}\boldsymbol{x}(k)$$

$$\begin{aligned}\Delta\boldsymbol{V}_2(k)=&\overline{\tau}[\boldsymbol{x}^{\mathrm{T}}(k+1)-\boldsymbol{x}^{\mathrm{T}}(k)]\boldsymbol{Q}[\boldsymbol{x}(k+1)-\boldsymbol{x}(k)]\\&-\sum_{i=k-\overline{\tau}}^{k-1}[\boldsymbol{x}^{\mathrm{T}}(i+1)-\boldsymbol{x}^{\mathrm{T}}(i)]\boldsymbol{Q}[\boldsymbol{x}(i+1)-\boldsymbol{x}(i)]\end{aligned}$$

则合并两个子泛函 $\boldsymbol{V}_1$（k）和 $\boldsymbol{V}_2$（k）的差分表达式，可以得到泛函 $\boldsymbol{V}$（k）的差分表达式，形式如下所示：

$$\begin{aligned}\Delta\boldsymbol{V}(k)=&\boldsymbol{x}^{\mathrm{T}}(k+1)\boldsymbol{P}\boldsymbol{x}(k+1)-\boldsymbol{x}^{\mathrm{T}}(k)\boldsymbol{P}\boldsymbol{x}(k)\\&+\overline{\tau}[\boldsymbol{x}^{\mathrm{T}}(k+1)-\boldsymbol{x}^{\mathrm{T}}(k)]\boldsymbol{Q}[\boldsymbol{x}(k+1)-\boldsymbol{x}(k)]\\&-\sum_{i=k-\overline{\tau}}^{k-1}[\boldsymbol{x}^{\mathrm{T}}(i+1)-\boldsymbol{x}^{\mathrm{T}}(i)]\boldsymbol{Q}[\boldsymbol{x}(i+1)-\boldsymbol{x}(i)]\end{aligned} \tag{3.13}$$

考虑将牛顿-莱布尼茨公式的离散形式作为零等式，其数学表达式如下所示：

$$[\boldsymbol{x}(k)-\boldsymbol{x}(k-\tau(k))]-\sum_{i=k-\tau(k)}^{k-1}[\boldsymbol{x}(i+1)-\boldsymbol{x}(i)]=0 \tag{3.14}$$

同时，将系统状态整合定义成向量 $\boldsymbol{\varepsilon}(k)=\begin{bmatrix}\boldsymbol{x}(k)\\ \boldsymbol{x}(k-\tau(k))\end{bmatrix}\in\boldsymbol{R}^{2n\times 1}$ 并选取任意矩阵 $\boldsymbol{N}\in\boldsymbol{R}^{2n\times n}$，对零等式（3.14）两端同时左乘矩阵 $2\boldsymbol{\varepsilon}^{\mathrm{T}}(k)\boldsymbol{N}$，可以得到如下形式的等式：

$$2\boldsymbol{\varepsilon}^{\mathrm{T}}(k)\boldsymbol{N}[\boldsymbol{x}(k)-\boldsymbol{x}(k-\tau(k))]+\sum_{i=k-\tau(k)}^{k-1}\{-2\boldsymbol{\varepsilon}^{\mathrm{T}}(k)\boldsymbol{N}[\boldsymbol{x}(i+1)-\boldsymbol{x}(i)]\}=0 \tag{3.15}$$

给定对称矩阵 $\boldsymbol{M}=\begin{bmatrix}\boldsymbol{M}_{11} & \boldsymbol{M}_{12}\\ \boldsymbol{M}_{21} & \boldsymbol{M}_{22}\end{bmatrix}\in\boldsymbol{R}^{2n\times 2n}$ 和矩阵 $\boldsymbol{Y}=\begin{bmatrix}\boldsymbol{Y}_1\\ \boldsymbol{Y}_2\end{bmatrix}\in\boldsymbol{R}^{2n\times n}$，并假设矩阵 $\boldsymbol{M}$ 和矩阵 $\boldsymbol{Y}$ 满足矩阵不等式（3.10），应用引理 1，可以得到如下形式的矩阵不等式：

$$\begin{aligned}0 &\leqslant 2\boldsymbol{\varepsilon}^{\mathrm{T}}(k)\boldsymbol{N}[\boldsymbol{x}(k)-\boldsymbol{x}(k-\tau(k))]\\ &\quad+\sum_{i=k-\tau(k)}^{k-1}\begin{bmatrix}\boldsymbol{\varepsilon}(k)\\ \boldsymbol{x}(i+1)-\boldsymbol{x}(i)\end{bmatrix}^{\mathrm{T}}\begin{bmatrix}\boldsymbol{M} & \boldsymbol{Y}-\boldsymbol{N}\\ \boldsymbol{Y}^{\mathrm{T}}-\boldsymbol{N}^{\mathrm{T}} & \boldsymbol{Q}\end{bmatrix}\begin{bmatrix}\boldsymbol{\varepsilon}(k)\\ \boldsymbol{x}(i+1)-\boldsymbol{x}(i)\end{bmatrix}\\ &=\tau(k)\boldsymbol{\varepsilon}^{\mathrm{T}}(k)\boldsymbol{M}\boldsymbol{\varepsilon}(k)+2\boldsymbol{\varepsilon}^{\mathrm{T}}(k)\boldsymbol{Y}[\boldsymbol{x}(k)-\boldsymbol{x}(k-\tau(k))]\\ &\quad+\sum_{i=k-\tau(k)}^{k-1}[\boldsymbol{x}^{\mathrm{T}}(i+1)-\boldsymbol{x}^{\mathrm{T}}(i)]\boldsymbol{Q}[\boldsymbol{x}(i+1)-\boldsymbol{x}(i)]\end{aligned} \tag{3.16}$$

考虑到延时的有界性 $0\leqslant\tau(k)\leqslant\bar{\tau}$，则可以将矩阵不等式（3.16）进一步变换为如下形式：

$$\begin{aligned}0 &\leqslant \bar{\tau}\boldsymbol{\varepsilon}^{\mathrm{T}}(k)\boldsymbol{M}\boldsymbol{\varepsilon}(k)+2\boldsymbol{\varepsilon}^{\mathrm{T}}(k)\boldsymbol{Y}[\boldsymbol{x}(k)-\boldsymbol{x}(k-\tau(k))]\\ &\quad+\sum_{i=k-\bar{\tau}}^{k-1}[\boldsymbol{x}^{\mathrm{T}}(i+1)-\boldsymbol{x}^{\mathrm{T}}(i)]\boldsymbol{Q}[\boldsymbol{x}(i+1)-\boldsymbol{x}(i)]\end{aligned} \tag{3.17}$$

将泛函 $\boldsymbol{V}(k)$ 的差分表达式（3.13）与矩阵不等式（3.17）相加，可以得到如下形式的矩阵不等式：

$$\begin{aligned}\Delta\boldsymbol{V}(k) &\leqslant \boldsymbol{x}^{\mathrm{T}}(k+1)\boldsymbol{P}\boldsymbol{x}(k+1)-\boldsymbol{x}^{\mathrm{T}}(k)\boldsymbol{P}\boldsymbol{x}(k)\\ &\quad+\bar{\tau}[\boldsymbol{x}^{\mathrm{T}}(k+1)-\boldsymbol{x}^{\mathrm{T}}(k)]\boldsymbol{Q}[\boldsymbol{x}(k+1)-\boldsymbol{x}(k)]\\ &\quad+\bar{\tau}\boldsymbol{\varepsilon}^{\mathrm{T}}(k)\boldsymbol{M}\boldsymbol{\varepsilon}(k)+2\boldsymbol{\varepsilon}^{\mathrm{T}}(k)\boldsymbol{Y}[\boldsymbol{x}(k)-\boldsymbol{x}(k-\tau(k))]\end{aligned} \tag{3.18}$$

由于在考虑系统的渐近稳定性时，可以不必考虑外部扰动，即可以假设 $\boldsymbol{\omega}(k)\equiv 0$，所以，系统方程（3.5）能够变为如下不考虑外部扰动形式：

$$\begin{aligned}\boldsymbol{x}(k+1)&=\boldsymbol{A}\boldsymbol{x}(k)+\boldsymbol{B}\boldsymbol{F}\boldsymbol{x}(k-\tau(k))\\ \boldsymbol{z}(k)&=\boldsymbol{C}\boldsymbol{x}(k)\end{aligned} \tag{3.19}$$

将不考虑外部扰动的系统方程（3.19）代入矩阵不等式（3.18），并代入矩阵 $\boldsymbol{M}$ 与矩阵 $\boldsymbol{Y}$ 的定义式，就可以得到矩阵不等式

$$\Delta \boldsymbol{V}(k) \leqslant \boldsymbol{\varepsilon}^{\mathrm{T}}(k)\begin{bmatrix}\boldsymbol{\Psi}_{11} & \boldsymbol{\Psi}_{12}\\ \boldsymbol{\Psi}_{21} & \boldsymbol{\Psi}_{22}\end{bmatrix}\boldsymbol{\varepsilon}(k) \tag{3.20}$$

当矩阵不等式（3.11）成立时，显然泛函差分表达式满足 $\Delta \boldsymbol{V}(k)<0$，从而，根据 Lyapunov-Krasovskii 稳定性理论可以知道，状态反馈闭环网络控制系统（3.5）是渐近稳定的。至此，定理 1 得到证明。

定理 2 给出状态反馈闭环网络控制系统（3.5）H_{∞}稳定的充分条件。

定理 2：对于给定的状态反馈控制律 $\boldsymbol{F}$，如果存在适当维数的对称矩阵 $\boldsymbol{P}>0$、$\boldsymbol{Q}>0$、$\boldsymbol{M}=\begin{bmatrix}\boldsymbol{M}_{11} & \boldsymbol{M}_{12}\\ \boldsymbol{M}_{21} & \boldsymbol{M}_{22}\end{bmatrix}$，以及矩阵 $\boldsymbol{Y}=\begin{bmatrix}\boldsymbol{Y}_1\\ \boldsymbol{Y}_2\end{bmatrix}$，使得下列矩阵不等式成立

$$\begin{bmatrix}\boldsymbol{M} & \boldsymbol{Y}\\ \boldsymbol{Y}^{\mathrm{T}} & \boldsymbol{Q}\end{bmatrix} \geqslant 0 \tag{3.21}$$

$$\begin{bmatrix}\boldsymbol{\Psi}_{11} & \boldsymbol{\Psi}_{12} & \boldsymbol{\Psi}_{13} & \boldsymbol{C}^{\mathrm{T}}\\ \boldsymbol{\Psi}_{21} & \boldsymbol{\Psi}_{22} & \boldsymbol{\Psi}_{23} & 0\\ \boldsymbol{\Psi}_{31} & \boldsymbol{\Psi}_{32} & \boldsymbol{\Psi}_{33} & \boldsymbol{D}^{\mathrm{T}}\\ \boldsymbol{C} & 0 & \boldsymbol{D} & -\boldsymbol{I}\end{bmatrix}<0 \tag{3.22}$$

则对于任意网络传输延时 $\tau(k) \in [0,\bar{\tau}]$，状态反馈闭环网络控制系统（3.5）满足 H_{∞}性能指标 γ。其中，

$$\boldsymbol{\Psi}_{13}=\boldsymbol{A}^{\mathrm{T}}\boldsymbol{P}\boldsymbol{E}+\bar{\tau}(\boldsymbol{A}^{\mathrm{T}}-\boldsymbol{I})\boldsymbol{Q}\boldsymbol{E}$$

$$\boldsymbol{\Psi}_{23}=\boldsymbol{F}^{\mathrm{T}}\boldsymbol{B}^{\mathrm{T}}\boldsymbol{P}\boldsymbol{E}+\bar{\tau}\boldsymbol{F}^{\mathrm{T}}\boldsymbol{B}^{\mathrm{T}}\boldsymbol{Q}\boldsymbol{E}$$

$$\boldsymbol{\Psi}_{31}=\boldsymbol{E}^{\mathrm{T}}\boldsymbol{P}\boldsymbol{A}+\bar{\tau}\boldsymbol{E}^{\mathrm{T}}\boldsymbol{Q}(\boldsymbol{A}-\boldsymbol{I})$$

$$\boldsymbol{\Psi}_{32}=\boldsymbol{E}^{\mathrm{T}}\boldsymbol{P}\boldsymbol{B}\boldsymbol{F}+\bar{\tau}\boldsymbol{E}^{\mathrm{T}}\boldsymbol{Q}\boldsymbol{B}\boldsymbol{F}$$

$$\boldsymbol{\Psi}_{33}=\boldsymbol{E}^{\mathrm{T}}\boldsymbol{P}\boldsymbol{E}+\bar{\tau}\boldsymbol{E}^{\mathrm{T}}\boldsymbol{Q}\boldsymbol{E}-\gamma^{2}\boldsymbol{I}$$

$\boldsymbol{\Psi}_{11}$、$\boldsymbol{\Psi}_{12}$、$\boldsymbol{\Psi}_{21}$ 和 $\boldsymbol{\Psi}_{22}$ 与定理 1 中的定义相同。

证明：当定理 2 中的矩阵不等式（3.22）成立时，根据矩阵理论，显然有如下矩阵不等式成立：

$$\begin{bmatrix}\boldsymbol{\Psi}_{11} & \boldsymbol{\Psi}_{12}\\ \boldsymbol{\Psi}_{21} & \boldsymbol{\Psi}_{22}\end{bmatrix}<0$$

同时，综合考虑定理中给定的其他条件，显然它们都是定理 1 的条件，所以

由定理 1 可知，对于任意网络传输延时 $\tau(k)\in[0,\bar{\tau}]$，状态反馈闭环网络控制系统（3.5）是渐近稳定的，且表达式（3.12）是系统的一个 Lyapunov 泛函。

采用定理 1 中对向量 $\boldsymbol{\varepsilon}(k)$、矩阵 $\boldsymbol{M}$、矩阵 $\boldsymbol{Y}$ 和矩阵 $\boldsymbol{N}$ 的定义，可以得到与定理 1 相同的矩阵不等式形式的泛函差分 $\Delta\boldsymbol{V}(k)$ 约束表达式（3.18）。注意到在考虑控制系统的 H_∞ 稳定性时，外部扰动也必须考虑，即 $\boldsymbol{\omega}(k)\neq 0$，所以，与定理 1 的证明过程不同的是，代入矩阵不等式（3.18）的是包含外部扰动 $\boldsymbol{\omega}(k)$ 的系统方程（3.5），而不再是不包含外部扰动 $\boldsymbol{\omega}(k)$ 的系统方程（3.19），代入系统方程后可以得到如下的矩阵不等式：

$$\Delta\boldsymbol{V}(k)\leqslant\begin{bmatrix}\boldsymbol{\varepsilon}(k)\\ \boldsymbol{\omega}(k)\end{bmatrix}^{\mathrm{T}}\begin{bmatrix}\boldsymbol{\Psi}_{11} & \boldsymbol{\Psi}_{12} & \boldsymbol{\Psi}_{13}\\ \boldsymbol{\Psi}_{21} & \boldsymbol{\Psi}_{22} & \boldsymbol{\Psi}_{23}\\ \boldsymbol{\Psi}_{31} & \boldsymbol{\Psi}_{32} & \boldsymbol{\Psi}_{33}+\gamma^2\boldsymbol{I}\end{bmatrix}\begin{bmatrix}\boldsymbol{\varepsilon}(k)\\ \boldsymbol{\omega}(k)\end{bmatrix} \tag{3.23}$$

对任意选择的整数 $n>0$，考虑定义如下表达式：

$$J_n=\sum_{k=0}^{n}\|\boldsymbol{z}(k)\|^2-\gamma^2\sum_{k=0}^{n}\|\boldsymbol{\omega}(k)\|^2 \tag{3.24}$$

在零初始条件下，合并求和符号，式（3.24）可等价变换为如下形式：

$$J_n=\sum_{k=0}^{k=n}[\boldsymbol{z}^{\mathrm{T}}(k)\boldsymbol{z}(k)-\gamma^2\boldsymbol{\omega}^{\mathrm{T}}(k)\boldsymbol{\omega}(k)+\Delta\boldsymbol{V}(k)]-\boldsymbol{V}(n+1) \tag{3.25}$$

由矩阵不等式（3.23）和表达式（3.25），可以得到如下不等式：

$$\begin{aligned}J_n\leqslant&\sum_{k=0}^{n}[\boldsymbol{z}^{\mathrm{T}}(k)\boldsymbol{z}(k)-\gamma^2\boldsymbol{\omega}^{\mathrm{T}}(k)\boldsymbol{\omega}(k)]\\&+\sum_{k=0}^{n}\begin{bmatrix}\boldsymbol{\varepsilon}(k)\\ \boldsymbol{\omega}(k)\end{bmatrix}^{\mathrm{T}}\begin{bmatrix}\boldsymbol{\Psi}_{11} & \boldsymbol{\Psi}_{12} & \boldsymbol{\Psi}_{13}\\ \boldsymbol{\Psi}_{21} & \boldsymbol{\Psi}_{22} & \boldsymbol{\Psi}_{23}\\ \boldsymbol{\Psi}_{31} & \boldsymbol{\Psi}_{32} & \boldsymbol{\Psi}_{33}+\gamma^2\boldsymbol{I}\end{bmatrix}\begin{bmatrix}\boldsymbol{\varepsilon}(k)\\ \boldsymbol{\omega}(k)\end{bmatrix}-\boldsymbol{V}(n+1)\\=&\sum_{k=0}^{n}\begin{bmatrix}\boldsymbol{\varepsilon}(k)\\ \boldsymbol{\omega}(k)\end{bmatrix}^{\mathrm{T}}\left\{-\begin{bmatrix}\boldsymbol{C}^{\mathrm{T}}\\ 0\\ \boldsymbol{D}^{\mathrm{T}}\end{bmatrix}(-\boldsymbol{I})\begin{bmatrix}\boldsymbol{C} & 0 & \boldsymbol{D}\end{bmatrix}+\begin{bmatrix}\boldsymbol{\Psi}_{11} & \boldsymbol{\Psi}_{12} & \boldsymbol{\Psi}_{13}\\ \boldsymbol{\Psi}_{21} & \boldsymbol{\Psi}_{22} & \boldsymbol{\Psi}_{23}\\ \boldsymbol{\Psi}_{31} & \boldsymbol{\Psi}_{32} & \boldsymbol{\Psi}_{33}\end{bmatrix}\right\}\begin{bmatrix}\boldsymbol{\varepsilon}(k)\\ \boldsymbol{\omega}(k)\end{bmatrix}\\&-\boldsymbol{V}(n+1)\end{aligned} \tag{3.26}$$

当定理 2 中给定的矩阵不等式（3.22）成立时，对其应用引理 2，可以得到如下矩阵不等式：

$$-\begin{bmatrix}\boldsymbol{C}^{\mathrm{T}}\\0\\\boldsymbol{D}^{\mathrm{T}}\end{bmatrix}(-\boldsymbol{I})\begin{bmatrix}\boldsymbol{C} & 0 & \boldsymbol{D}\end{bmatrix}+\begin{bmatrix}\boldsymbol{\Psi}_{11} & \boldsymbol{\Psi}_{12} & \boldsymbol{\Psi}_{13}\\\boldsymbol{\Psi}_{21} & \boldsymbol{\Psi}_{22} & \boldsymbol{\Psi}_{23}\\\boldsymbol{\Psi}_{31} & \boldsymbol{\Psi}_{32} & \boldsymbol{\Psi}_{33}\end{bmatrix}<0 \tag{3.27}$$

同时考虑到泛函 $\boldsymbol{V}(k)$ 的正定性，可以知道 $-\boldsymbol{V}(n+1)<0$，则能够推知如下不等式：

$$J_n=\sum_{k=0}^{n}\|z(k)\|^2-\gamma^2\sum_{k=0}^{n}\|\boldsymbol{\omega}(k)\|^2<0 \tag{3.28}$$

整理不等式形式，即可得到如下所示的描述 H_∞ 性能指标的不等式：

$$\sum_{k=0}^{n}\|z(k)\|^2<\gamma^2\sum_{k=0}^{n}\|\boldsymbol{\omega}(k)\|^2 \tag{3.29}$$

不等式（3.29）说明，对于任意网络传输延时 $\tau(k)\in[0,\bar{\tau}]$，状态反馈闭环控制系统（3.5）满足 H_∞ 性能指标 γ。至此，定理得到证明。

定理 3 给出状态反馈闭环网络控制系统渐近稳定的另一个更好的充分条件。

定理 3：对于给定的状态反馈控制律 $\boldsymbol{F}$，如果存在适当维数的对称矩阵 $\boldsymbol{P}>0$、$\boldsymbol{Q}>0$、$\boldsymbol{S}>0$、$\boldsymbol{M}$ 和 $\boldsymbol{L}$ 以及矩阵 $\boldsymbol{Y}$，使得下列矩阵不等式成立

$$\begin{bmatrix}\boldsymbol{M} & \boldsymbol{Y}\\\boldsymbol{Y}^{\mathrm{T}} & \boldsymbol{Q}\end{bmatrix}\geqslant 0 \tag{3.30}$$

$$\begin{bmatrix}\boldsymbol{\Psi}_{11} & \boldsymbol{\Psi}_{12} & \boldsymbol{\Psi}_{13}\\\boldsymbol{\Psi}_{21} & \boldsymbol{\Psi}_{22} & \boldsymbol{\Psi}_{23}\\\boldsymbol{\Psi}_{31} & \boldsymbol{\Psi}_{32} & \boldsymbol{\Psi}_{33}\end{bmatrix}<0 \tag{3.31}$$

则对于任意网络传输延时 $\tau(k)\in[0,\bar{\tau}]$，状态反馈闭环网络控制系统（3.5）是渐近稳定的。其中，

$$\boldsymbol{\Psi}_{11}=\bar{\tau}\boldsymbol{A}\boldsymbol{M}_{11}+\boldsymbol{Y}_1+\boldsymbol{Y}_1^{\mathrm{T}}+\boldsymbol{S}+\boldsymbol{L}\boldsymbol{A}+\boldsymbol{A}^{\mathrm{T}}\boldsymbol{L}-2\boldsymbol{L}$$

$$\boldsymbol{\Psi}_{12}=\bar{\tau}\boldsymbol{A}\boldsymbol{M}_{12}-\boldsymbol{Y}_1+\boldsymbol{Y}_2^{\mathrm{T}}+\boldsymbol{L}\boldsymbol{B}\boldsymbol{K}$$

$$\boldsymbol{\Psi}_{13}=\boldsymbol{P}+\boldsymbol{A}^{\mathrm{T}}\boldsymbol{L}-2\boldsymbol{L}$$

$$\boldsymbol{\Psi}_{21}=\bar{\tau}\boldsymbol{M}_{12}^{\mathrm{T}}\boldsymbol{A}^{\mathrm{T}}-\boldsymbol{Y}_1^{\mathrm{T}}+\boldsymbol{Y}_2+\boldsymbol{K}^{\mathrm{T}}\boldsymbol{B}^{\mathrm{T}}\boldsymbol{L}^{\mathrm{T}}$$

$$\boldsymbol{\Psi}_{22}=\bar{\tau}\boldsymbol{M}_{22}-\boldsymbol{Y}_2-\boldsymbol{Y}_2^{\mathrm{T}}-\boldsymbol{S}$$

$$\boldsymbol{\Psi}_{23}=\boldsymbol{K}^{\mathrm{T}}\boldsymbol{B}^{\mathrm{T}}\boldsymbol{L}$$

$$\boldsymbol{\psi}_{31} = \boldsymbol{P}^{\mathrm{T}} + \boldsymbol{L}^{\mathrm{T}} \boldsymbol{A} - 2\boldsymbol{L}^{\mathrm{T}}$$

$$\boldsymbol{\psi}_{32} = \boldsymbol{L}^{\mathrm{T}} \boldsymbol{B} \boldsymbol{K}$$

$$\boldsymbol{\psi}_{33} = \bar{\tau} \boldsymbol{Q} + \boldsymbol{P} - 2\boldsymbol{L}$$

证明： 考虑选取如下 Lyapunov 泛函

$$\boldsymbol{V}(k) = \boldsymbol{x}^{\mathrm{T}}(k)\boldsymbol{P}\boldsymbol{x}(k) + \sum_{i=-\bar{\tau}}^{-1} \sum_{j=k+i}^{k+1} [\boldsymbol{x}^{\mathrm{T}}(j) - \boldsymbol{x}^{\mathrm{T}}(j-1)] \boldsymbol{Q} [\boldsymbol{x}(j) - \boldsymbol{x}(j-1)]$$

$$+ \sum_{i=k-\bar{\tau}}^{k-1} \boldsymbol{x}^{\mathrm{T}}(i)\boldsymbol{S}\boldsymbol{x}(i) \tag{3.32}$$

式中，矩阵 $\boldsymbol{P} \in \boldsymbol{R}^{n \times n}$、$\boldsymbol{Q} \in \boldsymbol{R}^{n \times n}$ 和 $\boldsymbol{S} \in \boldsymbol{R}^{n \times n}$ 均为正定矩阵，考虑泛函的选取形式，根据矩阵正定的定义，很容易证明如下矩阵不等式：

$$\boldsymbol{V}(k) > 0$$

为了书写方便，将原泛函 $\boldsymbol{V}(k)$ 分成三个子泛函 $\boldsymbol{V}_1(k)$、$\boldsymbol{V}_2(k)$ 和 $\boldsymbol{V}_3(k)$，形式分别如下所示：

$$\boldsymbol{V}_1(k) = \boldsymbol{x}^{\mathrm{T}}(k)\boldsymbol{P}\boldsymbol{x}(k)$$

$$\boldsymbol{V}_2(k) - \sum_{i=-\bar{\tau}}^{-1} \sum_{j=k+i}^{k+1} [\boldsymbol{x}^{\mathrm{T}}(j) - \boldsymbol{x}^{\mathrm{T}}(j-1)] \boldsymbol{Q} [\boldsymbol{x}(j) - \boldsymbol{x}(j-1)]$$

$$\boldsymbol{V}_3(k) = \sum_{i=k-\bar{\tau}}^{k-1} \boldsymbol{x}^{\mathrm{T}}(i)\boldsymbol{S}\boldsymbol{x}(i)$$

分别求取三个子泛函 $\boldsymbol{V}_1(k)$、$\boldsymbol{V}_2(k)$ 和 $\boldsymbol{V}_3(k)$ 的差分，结果如下所示：

$$\Delta\boldsymbol{V}_1(k) = \boldsymbol{x}^{\mathrm{T}}(k+1)\boldsymbol{P}\boldsymbol{x}(k+1) - \boldsymbol{x}^{\mathrm{T}}(k)\boldsymbol{P}\boldsymbol{x}(k)$$

$$\Delta\boldsymbol{V}_2(k) = \bar{\tau}[\boldsymbol{x}^{\mathrm{T}}(k+1) - \boldsymbol{x}^{\mathrm{T}}(k)]\boldsymbol{Q}[\boldsymbol{x}(k+1) - \boldsymbol{x}(k)]$$

$$- \sum_{i=k-\bar{\tau}}^{k-1} [\boldsymbol{x}^{\mathrm{T}}(i+1) - \boldsymbol{x}^{\mathrm{T}}(i)]\boldsymbol{Q}[\boldsymbol{x}(i+1) - \boldsymbol{x}(i)]$$

$$\Delta\boldsymbol{V}_3(k) = \boldsymbol{x}^{\mathrm{T}}(k)\boldsymbol{S}\boldsymbol{x}(k) - \boldsymbol{x}^{\mathrm{T}}(k-\bar{\tau})\boldsymbol{S}\boldsymbol{x}(k-\bar{\tau})$$

合并三个子泛函 $\boldsymbol{V}_1(k)$、$\boldsymbol{V}_2(k)$ 和 $\boldsymbol{V}_3(k)$ 的差分表达式，可以得到泛函 $\boldsymbol{V}(k)$ 的差分表达式，形式如下所示：

$$\Delta\boldsymbol{V}(k) = \boldsymbol{x}^{\mathrm{T}}(k+1)\boldsymbol{P}\boldsymbol{x}(k+1) - \boldsymbol{x}^{\mathrm{T}}(k)\boldsymbol{P}\boldsymbol{x}(k)$$

$$+ \bar{\tau}[\boldsymbol{x}^{\mathrm{T}}(k+1) - \boldsymbol{x}^{\mathrm{T}}(k)]\boldsymbol{Q}[\boldsymbol{x}(k+1) - \boldsymbol{x}(k)]$$

$$
\begin{aligned}
&-\sum_{i=k-\bar{\tau}}^{k-1}[\boldsymbol{x}^{\mathrm{T}}(i+1)-\boldsymbol{x}^{\mathrm{T}}(i)]\boldsymbol{Q}[\boldsymbol{x}(i+1)-\boldsymbol{x}(i)] \\
&+\boldsymbol{x}^{\mathrm{T}}(k)\boldsymbol{S}\boldsymbol{x}(k)-\boldsymbol{x}^{\mathrm{T}}(k-\bar{\tau})\boldsymbol{S}\boldsymbol{x}(k-\bar{\tau})
\end{aligned}
\tag{3.33}
$$

考虑将牛顿-莱布尼茨公式的离散形式作为零等式，其数学表达式如下所示：

$$
[\boldsymbol{x}(k)-\boldsymbol{x}(k-\tau(k))]-\sum_{i=k-\tau(k)}^{k-1}[\boldsymbol{x}(i+1)-\boldsymbol{x}(i)]=0 \tag{3.34}
$$

同时，将系统状态变量整合定义成向量 $\boldsymbol{\varepsilon}(k)=\begin{bmatrix}\boldsymbol{x}(k)\\ \boldsymbol{x}(k-\tau(k))\end{bmatrix}\in\boldsymbol{R}^{2n\times1}$，并选取任意矩阵 $\boldsymbol{N}=\begin{bmatrix}\boldsymbol{N}_1\\ \boldsymbol{N}_2\end{bmatrix}\in\boldsymbol{R}^{2n\times n}$，对零等式（3.34）两端同时左乘矩阵 $2\boldsymbol{\varepsilon}^{\mathrm{T}}(k)\boldsymbol{N}$，可以得到如下形式的等式：

$$
2\boldsymbol{\varepsilon}^{\mathrm{T}}(k)\boldsymbol{N}[\boldsymbol{x}(k)-\boldsymbol{x}(k-\tau(k))]+\sum_{i=k-\tau(k)}^{k-1}\{-2\boldsymbol{\varepsilon}^{\mathrm{T}}(k)\boldsymbol{N}[\boldsymbol{x}(i+1)-\boldsymbol{x}(i)]\}=0 \tag{3.35}
$$

给定对称矩阵 $\boldsymbol{M}=\begin{bmatrix}\boldsymbol{M}_{11} & \boldsymbol{M}_{12}\\ \boldsymbol{M}_{21} & \boldsymbol{M}_{22}\end{bmatrix}\in\boldsymbol{R}^{2n\times2n}$ 和矩阵 $\boldsymbol{Y}=\begin{bmatrix}\boldsymbol{Y}_1\\ \boldsymbol{Y}_2\end{bmatrix}\in\boldsymbol{R}^{2n\times n}$，并假设矩阵 $\boldsymbol{M}$ 和矩阵 $\boldsymbol{Y}$ 满足矩阵不等式（3.30），应用引理 1，可以得到如下形式的矩阵不等式：

$$
\begin{aligned}
&-2\boldsymbol{\varepsilon}^{\mathrm{T}}(k)\boldsymbol{N}[\boldsymbol{x}(i+1)-\boldsymbol{x}(i)] \\
&\leqslant\begin{bmatrix}\boldsymbol{\varepsilon}(k)\\ \boldsymbol{x}(i+1)-\boldsymbol{x}(i)\end{bmatrix}^{\mathrm{T}}\begin{bmatrix}\boldsymbol{M} & \boldsymbol{Y}-\boldsymbol{N}\\ \boldsymbol{Y}^{\mathrm{T}}-\boldsymbol{N}^{\mathrm{T}} & \boldsymbol{Q}\end{bmatrix}\begin{bmatrix}\boldsymbol{\varepsilon}(k)\\ \boldsymbol{x}(i+1)-\boldsymbol{x}(i)\end{bmatrix}
\end{aligned}
\tag{3.36}
$$

综合考虑等式（3.35）和不等式（3.36），可得如下约束不等式

$$
\begin{aligned}
0\leqslant&\begin{bmatrix}\boldsymbol{x}(k)\\ \boldsymbol{x}(k-\tau)\end{bmatrix}^{\mathrm{T}}\begin{bmatrix}\tau\boldsymbol{M}_{11}+\boldsymbol{Y}_1+\boldsymbol{Y}_1^{\mathrm{T}} & \tau\boldsymbol{M}_{12}-\boldsymbol{Y}_1+\boldsymbol{Y}_2^{\mathrm{T}}\\ \tau\boldsymbol{M}_{21}+\boldsymbol{Y}_2-\boldsymbol{Y}_1^{\mathrm{T}} & \tau\boldsymbol{M}_{22}-\boldsymbol{Y}_2-\boldsymbol{Y}_2^{\mathrm{T}}\end{bmatrix}\begin{bmatrix}\boldsymbol{x}(k)\\ \boldsymbol{x}(k-\tau)\end{bmatrix} \\
&+\sum_{i=k-\tau}^{k-1}\{[\boldsymbol{x}(i+1)-\boldsymbol{x}(i)]^{\mathrm{T}}\boldsymbol{Q}[\boldsymbol{x}(i+1)-\boldsymbol{x}(i)]\}
\end{aligned}
\tag{3.37}
$$

由于在考虑系统的渐近稳定性时，可以不必考虑外部扰动，即可以假设 $\boldsymbol{\omega}(k)\equiv0$，所以，系统方程（3.5）能够变为如下不考虑外部扰动的形式：

$$\begin{aligned} &\boldsymbol{x}(k+1)=\boldsymbol{A}\boldsymbol{x}(k)+\boldsymbol{BF}\boldsymbol{x}(k-\tau(k)) \\ &\boldsymbol{z}(k)=\boldsymbol{C}\boldsymbol{x}(k) \end{aligned} \tag{3.38}$$

再考虑对系统数学模型进行变形，可以得到如下形式的等式：

$$0=(\boldsymbol{A}-\boldsymbol{I})\boldsymbol{x}(k)+\boldsymbol{BK}\boldsymbol{x}(k-\tau)-(\boldsymbol{x}(k+1)-\boldsymbol{x}(k)) \tag{3.39}$$

在式 (3.39) 左右两侧同时左乘矢量 $2[\boldsymbol{x}^{\mathrm{T}}(k)+\boldsymbol{\varphi}^{\mathrm{T}}(k)]\boldsymbol{L}$，可得如下形式的等式：

$$0=\begin{bmatrix} \boldsymbol{x}(k) \\ \boldsymbol{x}(k-\tau) \\ \boldsymbol{\varphi}(k) \end{bmatrix}^{\mathrm{T}} \begin{bmatrix} \boldsymbol{LA}+\boldsymbol{A}^{\mathrm{T}}\boldsymbol{L}-2\boldsymbol{L} & \boldsymbol{LBK} & \boldsymbol{A}^{\mathrm{T}}\boldsymbol{L}-2\boldsymbol{L} \\ \boldsymbol{K}^{\mathrm{T}}\boldsymbol{B}^{\mathrm{T}}\boldsymbol{L} & 0 & \boldsymbol{K}^{\mathrm{T}}\boldsymbol{B}^{\mathrm{T}}\boldsymbol{L} \\ \boldsymbol{LA}-2\boldsymbol{L} & \boldsymbol{L}^{\mathrm{T}}\boldsymbol{BK} & -2\boldsymbol{L} \end{bmatrix} \begin{bmatrix} \boldsymbol{x}(k) \\ \boldsymbol{x}(k-\tau) \\ \boldsymbol{\varphi}(k) \end{bmatrix} \tag{3.40}$$

式中，$\boldsymbol{\varphi}(k)=\boldsymbol{x}(k+1)-\boldsymbol{x}(k)$。

将泛函 $\boldsymbol{V}(k)$ 的差分表达式 (3.33)、约束矩阵不等式 (3.37) 和等式 (3.40) 相加，就可以得到如下矩阵不等式：

$$\Delta\boldsymbol{V}(k)\leqslant\begin{bmatrix} \boldsymbol{x}(k) \\ \boldsymbol{x}(k-\tau) \\ \boldsymbol{\varphi}(k) \end{bmatrix}^{\mathrm{T}} \begin{bmatrix} \boldsymbol{\Psi}_{11} & \boldsymbol{\Psi}_{12} & \boldsymbol{\Psi}_{13} \\ * & \boldsymbol{\Psi}_{22} & \boldsymbol{\Psi}_{23} \\ * & * & \boldsymbol{\Psi}_{33} \end{bmatrix} \begin{bmatrix} \boldsymbol{x}(k) \\ \boldsymbol{x}(k-\tau) \\ \boldsymbol{\varphi}(k) \end{bmatrix} \tag{3.41}$$

当矩阵不等式 (3.31) 成立时，显然泛函差分表达式满足 $\Delta\boldsymbol{V}(k)<0$，从而，根据 Lyapunov-Krasovskii 稳定性理论可以知道，状态反馈闭环网络控制系统 (3.5) 是渐近稳定的。至此，定理 3 得到证明。

3.4 输出反馈闭环网络控制系统稳定性分析

定理 4 给出输出反馈闭环网络控制系统 (3.8) 渐近稳定的充分条件。

定理 4：对于给定的输出反馈控制律

$$\begin{aligned} &\boldsymbol{x}_{\mathrm{c}}(k+1)=\boldsymbol{A}_{\mathrm{c}}\boldsymbol{x}_{\mathrm{c}}(k)+\boldsymbol{B}_{\mathrm{c}}\boldsymbol{u}_{\mathrm{c}}(k) \\ &\boldsymbol{z}_{\mathrm{c}}(k)=\boldsymbol{C}_{\mathrm{c}}\boldsymbol{x}_{\mathrm{c}}(k) \end{aligned}$$

如果存在适当维数的对称矩阵 $\boldsymbol{P}_1>0$、$\boldsymbol{P}_2>0$、$\boldsymbol{Q}_1>0$、$\boldsymbol{Q}_2>0$、$\boldsymbol{M}=\begin{bmatrix} \boldsymbol{M}_{11} & \boldsymbol{M}_{12} \\ \boldsymbol{M}_{21} & \boldsymbol{M}_{22} \end{bmatrix}$ 和 $\boldsymbol{U}=\begin{bmatrix} \boldsymbol{U}_{11} & \boldsymbol{U}_{12} \\ \boldsymbol{U}_{21} & \boldsymbol{U}_{22} \end{bmatrix}$，以及矩阵 $\boldsymbol{Y}=\begin{bmatrix} \boldsymbol{Y}_1 \\ \boldsymbol{Y}_2 \end{bmatrix}$ 和 $\boldsymbol{W}=\begin{bmatrix} \boldsymbol{W}_1 \\ \boldsymbol{W}_2 \end{bmatrix}$，使得下列矩阵不等式成立：

$$\begin{bmatrix} \boldsymbol{M} & \boldsymbol{Y} \\ \boldsymbol{Y}^{\mathrm{T}} & \boldsymbol{Q}_1 \end{bmatrix} \geqslant 0 \tag{3.42}$$

$$\begin{bmatrix} \boldsymbol{U} & \boldsymbol{W} \\ \boldsymbol{W}^{\mathrm{T}} & \boldsymbol{Q}_2 \end{bmatrix} \geqslant 0 \tag{3.43}$$

$$\begin{bmatrix} \boldsymbol{\Psi}_{11} & \boldsymbol{\Psi}_{12} & 0 & \boldsymbol{\Psi}_{14} \\ \boldsymbol{\Psi}_{21} & \boldsymbol{\Psi}_{22} & \boldsymbol{\Psi}_{23} & 0 \\ 0 & \boldsymbol{\Psi}_{32} & \boldsymbol{\Psi}_{33} & \boldsymbol{\Psi}_{34} \\ \boldsymbol{\Psi}_{41} & 0 & \boldsymbol{\Psi}_{43} & \boldsymbol{\Psi}_{44} \end{bmatrix} < 0 \tag{3.44}$$

则对于任意传感器节点到控制器节点网络传输延时 $\tau_{\mathrm{sc}}(k) \in [0, \bar{\tau}_{\mathrm{sc}}]$ 和任意控制器节点到执行器节点网络传输延时 $\tau_{\mathrm{ca}}(k) \in [0, \bar{\tau}_{\mathrm{ca}}]$，输出反馈闭环网络控制系统（3.8）是渐近稳定的。其中，

$$\boldsymbol{\Psi}_{11} = \boldsymbol{A}^{\mathrm{T}}\boldsymbol{P}_1\boldsymbol{A} - \boldsymbol{P}_1 + \bar{\tau}_{\mathrm{sc}}(\boldsymbol{A}^{\mathrm{T}} - \boldsymbol{I})\boldsymbol{Q}_1(\boldsymbol{A} - \boldsymbol{I}) + \bar{\tau}_{\mathrm{sc}}\boldsymbol{M}_{11} + 2\boldsymbol{Y}_1$$

$$\boldsymbol{\Psi}_{12} = \bar{\tau}_{\mathrm{sc}}\boldsymbol{M}_{12} - 2\boldsymbol{Y}_1$$

$$\boldsymbol{\Psi}_{14} = \boldsymbol{A}^{\mathrm{T}}\boldsymbol{P}_1\boldsymbol{B}\boldsymbol{C}_{\mathrm{c}} + \bar{\tau}_{\mathrm{sc}}(\boldsymbol{A}^{\mathrm{T}} - \boldsymbol{I})\boldsymbol{Q}_1\boldsymbol{B}\boldsymbol{C}_{\mathrm{c}}$$

$$\boldsymbol{\Psi}_{21} = \bar{\tau}_{\mathrm{sc}}\boldsymbol{M}_{21} + 2\boldsymbol{Y}_2$$

$$\boldsymbol{\Psi}_{22} = \boldsymbol{C}^{\mathrm{T}}\boldsymbol{B}_{\mathrm{c}}^{\mathrm{T}}\boldsymbol{P}_2\boldsymbol{B}_{\mathrm{c}}\boldsymbol{C} + \bar{\tau}_{\mathrm{ca}}\boldsymbol{C}^{\mathrm{T}}\boldsymbol{B}_{\mathrm{c}}^{\mathrm{T}}\boldsymbol{Q}_2\boldsymbol{B}_{\mathrm{c}}\boldsymbol{C} + \bar{\tau}_{\mathrm{sc}}\boldsymbol{M}_{22} - 2\boldsymbol{Y}_2$$

$$\boldsymbol{\Psi}_{23} = \boldsymbol{C}^{\mathrm{T}}\boldsymbol{B}_{\mathrm{c}}^{\mathrm{T}}\boldsymbol{P}_2\boldsymbol{A}_{\mathrm{c}} + \bar{\tau}_{\mathrm{ca}}\boldsymbol{C}^{\mathrm{T}}\boldsymbol{B}_{\mathrm{c}}^{\mathrm{T}}\boldsymbol{Q}_2(\boldsymbol{A}_{\mathrm{c}} - \boldsymbol{I})$$

$$\boldsymbol{\Psi}_{32} = \boldsymbol{A}_{\mathrm{c}}^{\mathrm{T}}\boldsymbol{P}_2\boldsymbol{B}_{\mathrm{c}}\boldsymbol{C} + \bar{\tau}_{\mathrm{ca}}(\boldsymbol{A}_{\mathrm{c}}^{\mathrm{T}} - \boldsymbol{I})\boldsymbol{Q}_2\boldsymbol{B}_{\mathrm{c}}\boldsymbol{C}$$

$$\boldsymbol{\Psi}_{33} = \boldsymbol{A}_{\mathrm{c}}^{\mathrm{T}}\boldsymbol{P}_2\boldsymbol{A}_{\mathrm{c}} - \boldsymbol{P}_2 + \bar{\tau}_{\mathrm{ca}}(\boldsymbol{A}_{\mathrm{c}}^{\mathrm{T}} - \boldsymbol{I})\boldsymbol{Q}_2(\boldsymbol{A}_{\mathrm{c}} - \boldsymbol{I}) + \bar{\tau}_{\mathrm{ca}}\boldsymbol{U}_{11} + 2\boldsymbol{W}_1$$

$$\boldsymbol{\Psi}_{34} = \bar{\tau}_{\mathrm{ca}}\boldsymbol{U}_{12} - 2\boldsymbol{W}_1$$

$$\boldsymbol{\Psi}_{41} = \boldsymbol{C}_{\mathrm{c}}^{\mathrm{T}}\boldsymbol{B}^{\mathrm{T}}\boldsymbol{P}_1\boldsymbol{A} + \bar{\tau}_{\mathrm{sc}}\boldsymbol{C}_{\mathrm{c}}^{\mathrm{T}}\boldsymbol{B}^{\mathrm{T}}\boldsymbol{Q}_1(\boldsymbol{A} - \boldsymbol{I})$$

$$\boldsymbol{\Psi}_{43} = \bar{\tau}_{\mathrm{ca}}\boldsymbol{U}_{21} + 2\boldsymbol{W}_2$$

$$\boldsymbol{\Psi}_{44} = \boldsymbol{C}_{\mathrm{c}}^{\mathrm{T}}\boldsymbol{B}^{\mathrm{T}}\boldsymbol{P}_1\boldsymbol{B}\boldsymbol{C}_{\mathrm{c}} + \bar{\tau}_{\mathrm{sc}}\boldsymbol{C}_{\mathrm{c}}^{\mathrm{T}}\boldsymbol{B}^{\mathrm{T}}\boldsymbol{Q}_1\boldsymbol{B}\boldsymbol{C}_{\mathrm{c}} + \bar{\tau}_{\mathrm{ca}}\boldsymbol{U}_{22} - 2\boldsymbol{W}_2$$

证明： 考虑选取如下 Lyapunov 泛函

$$\begin{aligned} \boldsymbol{V}(k) = {} & \boldsymbol{x}^{\mathrm{T}}(k)\boldsymbol{P}_1\boldsymbol{x}(k) + \sum_{i=-\bar{\tau}_{\mathrm{sc}}}^{-1} \sum_{j=k+i+1}^{k} [\boldsymbol{x}^{\mathrm{T}}(j) - \boldsymbol{x}^{\mathrm{T}}(j-1)]\boldsymbol{Q}_1[\boldsymbol{x}(j) - \boldsymbol{x}(j-1)] \\ & + \boldsymbol{x}_{\mathrm{c}}^{\mathrm{T}}(k)\boldsymbol{P}_2\boldsymbol{x}_{\mathrm{c}}(k) + \sum_{i=-\bar{\tau}_{\mathrm{ca}}}^{-1} \sum_{j=k+i+1}^{k} [\boldsymbol{x}_{\mathrm{c}}^{\mathrm{T}}(j) - \boldsymbol{x}_{\mathrm{c}}^{\mathrm{T}}(j-1)]\boldsymbol{Q}_2[\boldsymbol{x}_{\mathrm{c}}(j) - \boldsymbol{x}_{\mathrm{c}}(j-1)] \end{aligned} \tag{3.45}$$

式中，矩阵$\boldsymbol{P}_1 \in \boldsymbol{R}^{n\times n}$、$\boldsymbol{P}_2 \in \boldsymbol{R}^{n_c\times n_c}$、$\boldsymbol{Q}_1 \in \boldsymbol{R}^{n\times n}$和$\boldsymbol{Q}_2 \in \boldsymbol{R}^{n_c\times n_c}$均为正定矩阵，考虑泛函选取的形式，根据矩阵理论，很容易证明如下形式的矩阵不等式成立：

$$\boldsymbol{V}(k)>0$$

为了书写方便，将原泛函$\boldsymbol{V}(k)$分成四个子泛函$\boldsymbol{V}_1(k)$、$\boldsymbol{V}_2(k)$、$\boldsymbol{V}_3(k)$和$\boldsymbol{V}_4(k)$，形式分别如下所示：

$$\boldsymbol{V}_1(k)=\boldsymbol{x}^{\mathrm{T}}(k)\boldsymbol{P}_1\boldsymbol{x}(k)$$

$$\boldsymbol{V}_2(k)=\sum_{i=-\bar{\tau}_{sc}}^{-1}\sum_{j=k+i+1}^{k}[\boldsymbol{x}^{\mathrm{T}}(j)-\boldsymbol{x}^{\mathrm{T}}(j-1)]\boldsymbol{Q}_1[\boldsymbol{x}(j)-\boldsymbol{x}(j-1)]$$

$$\boldsymbol{V}_3(k)=\boldsymbol{x}_c^{\mathrm{T}}(k)\boldsymbol{P}_2\boldsymbol{x}_c(k)$$

$$\boldsymbol{V}_4(k)=\sum_{i=-\bar{\tau}_{ca}}^{-1}\sum_{j=k+i+1}^{k}[\boldsymbol{x}_c^{\mathrm{T}}(j)-\boldsymbol{x}_c^{\mathrm{T}}(j-1)]\boldsymbol{Q}_2[\boldsymbol{x}_c(j)-\boldsymbol{x}_c(j-1)]$$

分别求取四个子泛函$\boldsymbol{V}_1(k)$、$\boldsymbol{V}_2(k)$、$\boldsymbol{V}_3(k)$ 和$\boldsymbol{V}_4(k)$ 的差分，结果如下所示：

$$\Delta\boldsymbol{V}_1(k)=\boldsymbol{x}^{\mathrm{T}}(k+1)\boldsymbol{P}_1\boldsymbol{x}(k+1)-\boldsymbol{x}^{\mathrm{T}}(k)\boldsymbol{P}_1\boldsymbol{x}(k)$$

$$\begin{aligned}\Delta\boldsymbol{V}_2(k)=&\bar{\tau}_{sc}[\boldsymbol{x}^{\mathrm{T}}(k+1)-\boldsymbol{x}^{\mathrm{T}}(k)]\boldsymbol{Q}_1[\boldsymbol{x}(k+1)-\boldsymbol{x}(k)]\\&-\sum_{i=k-\bar{\tau}_{sc}}^{k-1}[\boldsymbol{x}^{\mathrm{T}}(i+1)-\boldsymbol{x}^{\mathrm{T}}(i)]\boldsymbol{Q}_1[\boldsymbol{x}(i+1)-\boldsymbol{x}(i)]\end{aligned}$$

$$\Delta\boldsymbol{V}_3(k)=\boldsymbol{x}_c^{\mathrm{T}}(k+1)\boldsymbol{P}_2\boldsymbol{x}_c(k+1)-\boldsymbol{x}_c^{\mathrm{T}}(k)\boldsymbol{P}_2\boldsymbol{x}_c(k)$$

$$\begin{aligned}\Delta\boldsymbol{V}_4(k)=&\bar{\tau}_{ca}[\boldsymbol{x}_c^{\mathrm{T}}(k+1)-\boldsymbol{x}_c^{\mathrm{T}}(k)]\boldsymbol{Q}_2[\boldsymbol{x}_c(k+1)-\boldsymbol{x}_c(k)]\\&-\sum_{i=k-\bar{\tau}_{ca}}^{k-1}[\boldsymbol{x}_c^{\mathrm{T}}(i+1)-\boldsymbol{x}_c^{\mathrm{T}}(i)]\boldsymbol{Q}_2[\boldsymbol{x}_c(i+1)-\boldsymbol{x}_c(i)]\end{aligned}$$

合并四个子泛函$\boldsymbol{V}_1(k)$、$\boldsymbol{V}_2(k)$、$\boldsymbol{V}_3(k)$ 和$\boldsymbol{V}_4(k)$ 的差分表达式，可以得到泛函$\boldsymbol{V}(k)$ 的差分表达式，形式如下所示：

$$\begin{aligned}\Delta\boldsymbol{V}(k)=&\boldsymbol{x}^{\mathrm{T}}(k+1)\boldsymbol{P}_1\boldsymbol{x}(k+1)-\boldsymbol{x}^{\mathrm{T}}(k)\boldsymbol{P}_1\boldsymbol{x}(k)\\&+\bar{\tau}_{sc}[\boldsymbol{x}^{\mathrm{T}}(k+1)-\boldsymbol{x}^{\mathrm{T}}(k)]\boldsymbol{Q}_1[\boldsymbol{x}(k+1)-\boldsymbol{x}(k)]\\&-\sum_{i=k-\bar{\tau}_{sc}}^{k-1}[\boldsymbol{x}^{\mathrm{T}}(i+1)-\boldsymbol{x}^{\mathrm{T}}(i)]\boldsymbol{Q}_1[\boldsymbol{x}(i+1)-\boldsymbol{x}(i)]\end{aligned}$$

$$+\boldsymbol{x}_{\mathrm{c}}^{\mathrm{T}}(k+1)\boldsymbol{P}_2\boldsymbol{x}_{\mathrm{c}}(k+1)-\boldsymbol{x}_{\mathrm{c}}^{\mathrm{T}}(k)\boldsymbol{P}_2\boldsymbol{x}_{\mathrm{c}}(k) \tag{3.46}$$

$$+\bar{\tau}_{\mathrm{ca}}[\boldsymbol{x}_{\mathrm{c}}^{\mathrm{T}}(k+1)-\boldsymbol{x}_{\mathrm{c}}^{\mathrm{T}}(k)]\boldsymbol{Q}_2[\boldsymbol{x}_{\mathrm{c}}(k+1)-\boldsymbol{x}_{\mathrm{c}}(k)]$$

$$-\sum_{i=k-\bar{\tau}_{\mathrm{ca}}}^{k-1}[\boldsymbol{x}_{\mathrm{c}}^{\mathrm{T}}(i+1)-\boldsymbol{x}_{\mathrm{c}}^{\mathrm{T}}(i)]\boldsymbol{Q}_2[\boldsymbol{x}_{\mathrm{c}}(i+1)-\boldsymbol{x}_{\mathrm{c}}(i)]$$

考虑将牛顿-莱布尼茨公式的离散形式作为零等式，其数学表达式如下所示：

$$\begin{aligned}&[\boldsymbol{x}(k)-\boldsymbol{x}(k-\tau_{\mathrm{sc}}(k))]-\sum_{i=k-\tau_{\mathrm{sc}}(k)}^{k-1}[\boldsymbol{x}(i+1)-\boldsymbol{x}(i)]=0\\&[\boldsymbol{x}_{\mathrm{c}}(k)-\boldsymbol{x}_{\mathrm{c}}(k-\tau_{\mathrm{ca}}(k))]-\sum_{i=k-\tau_{\mathrm{ca}}(k)}^{k-1}[\boldsymbol{x}_{\mathrm{c}}(i+1)-\boldsymbol{x}_{\mathrm{c}}(i)]=0\end{aligned} \tag{3.47}$$

同时，将系统的状态变量整合定义成矢量 $\boldsymbol{\varepsilon}_{\mathrm{sc}}(k)=\begin{bmatrix}\boldsymbol{x}(k)\\\boldsymbol{x}(k-\tau_{\mathrm{sc}}(k))\end{bmatrix}\in\boldsymbol{R}^{2n\times 1}$ 和矢量 $\boldsymbol{\varepsilon}_{\mathrm{ca}}(k)=\begin{bmatrix}\boldsymbol{x}_{\mathrm{c}}(k)\\\boldsymbol{x}_{\mathrm{c}}(k-\tau_{\mathrm{ca}}(k))\end{bmatrix}\in\boldsymbol{R}^{2n_{\mathrm{c}}\times 1}$，并选取任意矩阵 $\boldsymbol{N}\in\boldsymbol{R}^{2n\times n}$ 和 $\boldsymbol{N}_{\mathrm{c}}\in\boldsymbol{R}^{2n_{\mathrm{c}}\times n_{\mathrm{c}}}$，对两个零等式（3.47）两端分别同时左乘矩阵 $2\boldsymbol{\varepsilon}_{\mathrm{sc}}^{\mathrm{T}}(k)\boldsymbol{N}$ 和 $2\boldsymbol{\varepsilon}_{\mathrm{ca}}^{\mathrm{T}}(k)\boldsymbol{N}_{\mathrm{c}}$，可以得到如下形式的等式：

$$\begin{aligned}&2\boldsymbol{\varepsilon}_{\mathrm{sc}}^{\mathrm{T}}(k)\boldsymbol{N}[\boldsymbol{x}(k)-\boldsymbol{x}(k-\tau_{\mathrm{sc}}(k))]+\sum_{i=k-\tau_{\mathrm{sc}}(k)}^{k-1}\{-2\boldsymbol{\varepsilon}_{\mathrm{sc}}^{\mathrm{T}}(k)\boldsymbol{N}[\boldsymbol{x}(i+1)-\boldsymbol{x}(i)]\}=0\\&2\boldsymbol{\varepsilon}_{\mathrm{ca}}^{\mathrm{T}}(k)\boldsymbol{N}_{\mathrm{c}}[\boldsymbol{x}_{\mathrm{c}}(k)-\boldsymbol{x}_{\mathrm{c}}(k-\tau_{\mathrm{ca}}(k))]+\sum_{i=k-\tau_{\mathrm{ca}}(k)}^{k-1}\{-2\boldsymbol{\varepsilon}_{\mathrm{ca}}^{\mathrm{T}}(k)\boldsymbol{N}_{\mathrm{c}}[\boldsymbol{x}_{\mathrm{c}}(i+1)-\boldsymbol{x}_{\mathrm{c}}(i)]\}=0\end{aligned} \tag{3.48}$$

给定对称矩阵 $\boldsymbol{M}=\begin{bmatrix}\boldsymbol{M}_{11}&\boldsymbol{M}_{12}\\\boldsymbol{M}_{21}&\boldsymbol{M}_{22}\end{bmatrix}\in\boldsymbol{R}^{2n\times 2n}$ 和 $\boldsymbol{U}=\begin{bmatrix}\boldsymbol{U}_{11}&\boldsymbol{U}_{12}\\\boldsymbol{U}_{21}&\boldsymbol{U}_{22}\end{bmatrix}\in\boldsymbol{R}^{2n_{\mathrm{c}}\times 2n_{\mathrm{c}}}$，及矩阵 $\boldsymbol{Y}=\begin{bmatrix}\boldsymbol{Y}_1\\\boldsymbol{Y}_2\end{bmatrix}\in\boldsymbol{R}^{2n\times n}$ 和 $\boldsymbol{W}=\begin{bmatrix}\boldsymbol{W}_1\\\boldsymbol{W}_2\end{bmatrix}\in\boldsymbol{R}^{2n_{\mathrm{c}}\times n_{\mathrm{c}}}$，并假定矩阵 $\boldsymbol{M}$ 和矩阵 $\boldsymbol{Y}$、矩阵 $\boldsymbol{U}$ 和矩阵 $\boldsymbol{W}$ 分别满足不等式(3.42) 和不等式(3.43)，应用引理 1，可以得到如下形式的矩阵不等式：

$$0\leqslant 2\boldsymbol{\varepsilon}_{\mathrm{sc}}^{\mathrm{T}}(k)\boldsymbol{N}[\boldsymbol{x}(k)-\boldsymbol{x}(k-\tau_{\mathrm{sc}}(k))]$$

$$
\begin{aligned}
&+\sum_{i=k-\tau_{sc}(k)}^{k-1}\begin{bmatrix}\boldsymbol{\varepsilon}_{sc}(k)\\ \boldsymbol{x}(i+1)-\boldsymbol{x}(i)\end{bmatrix}^{\mathrm T}\begin{bmatrix}\boldsymbol{M} & \boldsymbol{Y}-\boldsymbol{N}\\ \boldsymbol{Y}^{\mathrm T}-\boldsymbol{N}^{\mathrm T} & \boldsymbol{Q}_1\end{bmatrix}\begin{bmatrix}\boldsymbol{\varepsilon}_{sc}(k)\\ \boldsymbol{x}(i+1)-\boldsymbol{x}(i)\end{bmatrix}\\
&=\tau_{sc}(k)\boldsymbol{\varepsilon}_{sc}^{\mathrm T}(k)\boldsymbol{M}\boldsymbol{\varepsilon}_{sc}(k)+2\boldsymbol{\varepsilon}_{sc}^{\mathrm T}(k)\boldsymbol{Y}[\boldsymbol{x}(k)-\boldsymbol{x}(k-\tau_{sc}(k))]\\
&+\sum_{i=k-\tau_{sc}(k)}^{k-1}[\boldsymbol{x}^{\mathrm T}(i+1)-\boldsymbol{x}^{\mathrm T}(i)]\boldsymbol{Q}_1[\boldsymbol{x}(i+1)-\boldsymbol{x}(i)]
\end{aligned}
\tag{3.49}
$$

$$
\begin{aligned}
0\leqslant\ &2\boldsymbol{\varepsilon}_{ca}^{\mathrm T}(k)\boldsymbol{N}_c[\boldsymbol{x}_c(k)-\boldsymbol{x}_c(k-\tau_{ca}(k))]\\
&+\sum_{i=k-\tau_{ca}(k)}^{k-1}\begin{bmatrix}\boldsymbol{\varepsilon}_{ca}(k)\\ \boldsymbol{x}_c(i+1)-\boldsymbol{x}_c(i)\end{bmatrix}^{\mathrm T}\begin{bmatrix}\boldsymbol{U} & \boldsymbol{W}-\boldsymbol{N}_c\\ \boldsymbol{W}^{\mathrm T}-\boldsymbol{N}_c^{\mathrm T} & \boldsymbol{Q}_2\end{bmatrix}\begin{bmatrix}\boldsymbol{\varepsilon}_{ca}(k)\\ \boldsymbol{x}_c(i+1)-\boldsymbol{x}_c(i)\end{bmatrix}\\
&=\tau_{ca}(k)\boldsymbol{\varepsilon}_{ca}^{\mathrm T}(k)\boldsymbol{U}\boldsymbol{\varepsilon}_{ca}(k)+2\boldsymbol{\varepsilon}_{ca}^{\mathrm T}(k)\boldsymbol{W}[\boldsymbol{x}_c(k)-\boldsymbol{x}_c(k-\tau_{ca}(k))]\\
&+\sum_{i=k-\tau_{ca}(k)}^{k-1}[\boldsymbol{x}_c^{\mathrm T}(i+1)-\boldsymbol{x}_c^{\mathrm T}(i)]\boldsymbol{Q}_2[\boldsymbol{x}_c(i+1)-\boldsymbol{x}_c(i)]
\end{aligned}
$$

考虑到网络传输延时的有界性，即 $0\leqslant\tau_{sc}(k)\leqslant\bar{\tau}_{sc}$ 和 $0\leqslant\tau_{ca}(k)\leqslant\bar{\tau}_{ca}$，则可以将矩阵不等式进一步变换为如下形式：

$$
\begin{aligned}
0\leqslant\ &\bar{\tau}_{sc}\boldsymbol{\varepsilon}_{sc}^{\mathrm T}(k)\boldsymbol{M}\boldsymbol{\varepsilon}_{sc}(k)+2\boldsymbol{\varepsilon}_{sc}^{\mathrm T}(k)\boldsymbol{Y}[\boldsymbol{x}(k)-\boldsymbol{x}(k-\tau_{sc}(k))]\\
&+\sum_{i=k-\bar{\tau}_{sc}}^{k-1}[\boldsymbol{x}^{\mathrm T}(i+1)-\boldsymbol{x}^{\mathrm T}(i)]\boldsymbol{Q}_1[\boldsymbol{x}(i+1)-\boldsymbol{x}(i)]\\
0\leqslant\ &\bar{\tau}_{ca}\boldsymbol{\varepsilon}_{ca}^{\mathrm T}(k)\boldsymbol{U}\boldsymbol{\varepsilon}_{ca}(k)+2\boldsymbol{\varepsilon}_{ca}^{\mathrm T}(k)\boldsymbol{W}[\boldsymbol{x}_c(k)-\boldsymbol{x}_c(k-\tau_{ca}(k))]\\
&+\sum_{i=k-\bar{\tau}_{ca}}^{k-1}[\boldsymbol{x}_c^{\mathrm T}(i+1)-\boldsymbol{x}_c^{\mathrm T}(i)]\boldsymbol{Q}_2[\boldsymbol{x}_c(i+1)-\boldsymbol{x}_c(i)]
\end{aligned}
\tag{3.50}
$$

将泛函 $\boldsymbol{V}(k)$ 的差分表达式(3.46)与矩阵不等式(3.50)相加，可以得到如下形式的矩阵不等式：

$$
\begin{aligned}
\Delta\boldsymbol{V}(k)\leqslant\ &\boldsymbol{x}^{\mathrm T}(k+1)\boldsymbol{P}_1\boldsymbol{x}(k+1)-\boldsymbol{x}^{\mathrm T}(k)\boldsymbol{P}_1\boldsymbol{x}(k)\\
&+\bar{\tau}_{sc}[\boldsymbol{x}^{\mathrm T}(k+1)-\boldsymbol{x}^{\mathrm T}(k)]\boldsymbol{Q}_1[\boldsymbol{x}(k+1)-\boldsymbol{x}(k)]\\
&+\boldsymbol{x}_c^{\mathrm T}(k+1)\boldsymbol{P}_2\boldsymbol{x}_c(k+1)-\boldsymbol{x}_c^{\mathrm T}(k)\boldsymbol{P}_2\boldsymbol{x}_c(k)\\
&+\bar{\tau}_{ca}[\boldsymbol{x}_c^{\mathrm T}(k+1)-\boldsymbol{x}_c^{\mathrm T}(k)]\boldsymbol{Q}_2[\boldsymbol{x}_c(k+1)-\boldsymbol{x}_c(k)]\\
&+\bar{\tau}_{sc}\boldsymbol{\varepsilon}_{sc}^{\mathrm T}(k)\boldsymbol{M}\boldsymbol{\varepsilon}_{sc}(k)+2\boldsymbol{\varepsilon}_{sc}^{\mathrm T}(k)\boldsymbol{Y}[\boldsymbol{x}(k)-\boldsymbol{x}(k-\tau_{sc}(k))]\\
&+\bar{\tau}_{ca}\boldsymbol{\varepsilon}_{ca}^{\mathrm T}(k)\boldsymbol{U}\boldsymbol{\varepsilon}_{ca}(k)+2\boldsymbol{\varepsilon}_{ca}^{\mathrm T}(k)\boldsymbol{W}[\boldsymbol{x}_c(k)-\boldsymbol{x}_c(k-\tau_{ca}(k))]
\end{aligned}
\tag{3.51}
$$

由于在考虑系统的渐近稳定性时，可以不必考虑外部扰动，即可以假设

$\omega(k)\equiv 0$，所以，系统方程(3.8) 能够变为如下不考虑外部扰动的形式：

$$\begin{aligned}&\boldsymbol{x}(k+1)=\boldsymbol{A}\boldsymbol{x}(k)+\boldsymbol{B}\boldsymbol{C}_c\boldsymbol{x}_c(k-\tau_{ca}(k))\\&\boldsymbol{x}_c(k+1)=\boldsymbol{A}_c\boldsymbol{x}_c(k)+\boldsymbol{B}_c\boldsymbol{C}\boldsymbol{x}(k-\tau_{sc}(k))\\&\boldsymbol{z}(k)=\boldsymbol{C}\boldsymbol{x}(k)\end{aligned} \tag{3.52}$$

将不考虑外部扰动的系统方程(3.52) 代入矩阵不等式(3.51)，并代入矩阵 $\boldsymbol{M}$、$\boldsymbol{U}$、$\boldsymbol{Y}$ 和 $\boldsymbol{W}$ 的定义式，就可以得到如下矩阵不等式：

$$\Delta \boldsymbol{V}(k)\leqslant\begin{bmatrix}\boldsymbol{x}(k)\\\boldsymbol{x}(k-\tau_{sc}(k))\\\boldsymbol{x}_c(k)\\\boldsymbol{x}_c(k-\tau_{ca}(k))\end{bmatrix}^{\mathrm{T}}\begin{bmatrix}\boldsymbol{\Psi}_{11}&\boldsymbol{\Psi}_{12}&0&\boldsymbol{\Psi}_{14}\\\boldsymbol{\Psi}_{21}&\boldsymbol{\Psi}_{22}&\boldsymbol{\Psi}_{23}&0\\0&\boldsymbol{\Psi}_{32}&\boldsymbol{\Psi}_{33}&\boldsymbol{\Psi}_{34}\\\boldsymbol{\Psi}_{41}&0&\boldsymbol{\Psi}_{43}&\boldsymbol{\Psi}_{44}\end{bmatrix}\begin{bmatrix}\boldsymbol{x}(k)\\\boldsymbol{x}(k-\tau_{sc}(k))\\\boldsymbol{x}_c(k)\\\boldsymbol{x}_c(k-\tau_{ca}(k))\end{bmatrix} \tag{3.53}$$

当矩阵不等式(3.44) 成立时，显然泛函差分表达式满足 $\Delta \boldsymbol{V}(k)<0$，从而，根据 Lyapunov-Krasovskii 稳定性理论可以知道，输出反馈闭环网络控制系统(3.8) 是渐近稳定的。定理 4 得到证明。

定理 5 给出输出反馈闭环网络控制系统(3.8) H_∞稳定的充分条件。

定理 5：对于给定的输出反馈控制律

$$\begin{aligned}&\boldsymbol{x}_c(k+1)=\boldsymbol{A}_c\boldsymbol{x}_c(k)+\boldsymbol{B}_c\boldsymbol{u}_c(k)\\&\boldsymbol{z}_c(k)=\boldsymbol{C}_c\boldsymbol{x}_c(k)\end{aligned}$$

如果存在适当维数的对称矩阵 $\boldsymbol{P}_1>0$、$\boldsymbol{P}_2>0$、$\boldsymbol{Q}_1>0$、$\boldsymbol{Q}_2>0$、$\boldsymbol{M}=\begin{bmatrix}\boldsymbol{M}_{11}&\boldsymbol{M}_{12}\\\boldsymbol{M}_{21}&\boldsymbol{M}_{22}\end{bmatrix}$ 和 $\boldsymbol{U}=\begin{bmatrix}\boldsymbol{U}_{11}&\boldsymbol{U}_{12}\\\boldsymbol{U}_{21}&\boldsymbol{U}_{22}\end{bmatrix}$，以及矩阵 $\boldsymbol{Y}=\begin{bmatrix}\boldsymbol{Y}_1\\\boldsymbol{Y}_2\end{bmatrix}$ 和 $\boldsymbol{W}=\begin{bmatrix}\boldsymbol{W}_1\\\boldsymbol{W}_2\end{bmatrix}$，使得下列矩阵不等式成立

$$\begin{bmatrix}\boldsymbol{M}&\boldsymbol{Y}\\\boldsymbol{Y}^{\mathrm{T}}&\boldsymbol{Q}_1\end{bmatrix}\geqslant 0 \tag{3.54}$$

$$\begin{bmatrix}\boldsymbol{U}&\boldsymbol{W}\\\boldsymbol{W}^{\mathrm{T}}&\boldsymbol{Q}_2\end{bmatrix}\geqslant 0 \tag{3.55}$$

$$\begin{bmatrix} \boldsymbol{\Psi}_{11} & \boldsymbol{\Psi}_{12} & 0 & \boldsymbol{\Psi}_{14} & \boldsymbol{\Psi}_{15} & 0 & \boldsymbol{C}^{\mathrm{T}} \\ \boldsymbol{\Psi}_{21} & \boldsymbol{\Psi}_{22} & \boldsymbol{\Psi}_{23} & 0 & 0 & \boldsymbol{\Psi}_{26} & 0 \\ 0 & \boldsymbol{\Psi}_{32} & \boldsymbol{\Psi}_{33} & \boldsymbol{\Psi}_{34} & 0 & \boldsymbol{\Psi}_{36} & 0 \\ \boldsymbol{\Psi}_{41} & 0 & \boldsymbol{\Psi}_{43} & \boldsymbol{\Psi}_{44} & \boldsymbol{\Psi}_{45} & 0 & 0 \\ \boldsymbol{\Psi}_{51} & 0 & 0 & \boldsymbol{\Psi}_{54} & \boldsymbol{\Psi}_{55} & 0 & \boldsymbol{D}^{\mathrm{T}} \\ 0 & \boldsymbol{\Psi}_{62} & \boldsymbol{\Psi}_{63} & 0 & 0 & \boldsymbol{\Psi}_{66} & 0 \\ \boldsymbol{C} & 0 & 0 & 0 & \boldsymbol{D} & 0 & -\boldsymbol{I} \end{bmatrix} < 0 \tag{3.56}$$

则对于任意传感器节点到控制器节点网络传输延时 $\tau_{\mathrm{sc}}(k) \in [0, \bar{\tau}_{\mathrm{sc}}]$ 和任意控制器节点到执行器节点网络传输延时 $\tau_{\mathrm{ca}}(k) \in [0, \bar{\tau}_{\mathrm{ca}}]$，输出反馈闭环网络控制系统(3.8) 满足 H_{∞} 性能指标 γ。其中，

$$\boldsymbol{\Psi}_{15} = \boldsymbol{A}^{\mathrm{T}} \boldsymbol{P}_1 \boldsymbol{E} + \bar{\tau}_{\mathrm{sc}} (\boldsymbol{A}^{\mathrm{T}} - \boldsymbol{I}) \boldsymbol{Q}_1 \boldsymbol{E}$$

$$\boldsymbol{\Psi}_{26} = \boldsymbol{C}^{\mathrm{T}} \boldsymbol{B}_{\mathrm{c}}^{\mathrm{T}} \boldsymbol{P}_2 \boldsymbol{B}_{\mathrm{c}} \boldsymbol{D} + \bar{\tau}_{\mathrm{ca}} \boldsymbol{C}^{\mathrm{T}} \boldsymbol{B}_{\mathrm{c}}^{\mathrm{T}} \boldsymbol{Q}_2 \boldsymbol{B}_{\mathrm{c}} \boldsymbol{D}$$

$$\boldsymbol{\Psi}_{36} = \boldsymbol{A}_{\mathrm{c}}^{\mathrm{T}} \boldsymbol{P}_2 \boldsymbol{B}_{\mathrm{c}} \boldsymbol{D} + \bar{\tau}_{\mathrm{ca}} (\boldsymbol{A}_{\mathrm{c}}^{\mathrm{T}} - \boldsymbol{I}) \boldsymbol{Q}_2 \boldsymbol{B}_{\mathrm{c}} \boldsymbol{D}$$

$$\boldsymbol{\Psi}_{45} = \boldsymbol{C}_{\mathrm{c}}^{\mathrm{T}} \boldsymbol{B}^{\mathrm{T}} \boldsymbol{P}_1 \boldsymbol{E} + \bar{\tau}_{\mathrm{sc}} \boldsymbol{C}_{\mathrm{c}}^{\mathrm{T}} \boldsymbol{B}^{\mathrm{T}} \boldsymbol{Q}_1 \boldsymbol{E}$$

$$\boldsymbol{\Psi}_{51} = \boldsymbol{E}^{\mathrm{T}} \boldsymbol{P}_1 \boldsymbol{A} + \bar{\tau}_{\mathrm{sc}} \boldsymbol{E}^{\mathrm{T}} \boldsymbol{Q}_1 (\boldsymbol{A} - \boldsymbol{I})$$

$$\boldsymbol{\Psi}_{54} = \boldsymbol{E}^{\mathrm{T}} \boldsymbol{P}_1 \boldsymbol{B} \boldsymbol{C}_{\mathrm{c}} + \bar{\tau}_{\mathrm{sc}} \boldsymbol{E}^{\mathrm{T}} \boldsymbol{Q}_1 \boldsymbol{B} \boldsymbol{C}_{\mathrm{c}}$$

$$\boldsymbol{\Psi}_{55} = \boldsymbol{E}^{\mathrm{T}} \boldsymbol{P}_1 \boldsymbol{E} + \bar{\tau}_{\mathrm{sc}} \boldsymbol{E}^{\mathrm{T}} \boldsymbol{Q}_1 \boldsymbol{E} - \gamma^2 \boldsymbol{I}$$

$$\boldsymbol{\Psi}_{62} = \boldsymbol{D}^{\mathrm{T}} \boldsymbol{B}_{\mathrm{c}}^{\mathrm{T}} \boldsymbol{P}_2 \boldsymbol{B}_{\mathrm{c}} \boldsymbol{C} + \bar{\tau}_{\mathrm{ca}} \boldsymbol{D}^{\mathrm{T}} \boldsymbol{B}_{\mathrm{c}}^{\mathrm{T}} \boldsymbol{Q}_2 \boldsymbol{B}_{\mathrm{c}} \boldsymbol{C}$$

$$\boldsymbol{\Psi}_{63} = \boldsymbol{D}^{\mathrm{T}} \boldsymbol{B}_{\mathrm{c}}^{\mathrm{T}} \boldsymbol{P}_2 \boldsymbol{A}_{\mathrm{c}} + \bar{\tau}_{\mathrm{ca}} \boldsymbol{D}^{\mathrm{T}} \boldsymbol{B}_{\mathrm{c}}^{\mathrm{T}} \boldsymbol{Q}_2 (\boldsymbol{A}_{\mathrm{c}} - \boldsymbol{I})$$

$$\boldsymbol{\Psi}_{66} = \boldsymbol{D}^{\mathrm{T}} \boldsymbol{B}_{\mathrm{c}}^{\mathrm{T}} \boldsymbol{P}_2 \boldsymbol{B}_{\mathrm{c}} \boldsymbol{D} + \bar{\tau}_{\mathrm{ca}} \boldsymbol{D}^{\mathrm{T}} \boldsymbol{B}_{\mathrm{c}}^{\mathrm{T}} \boldsymbol{Q}_2 \boldsymbol{B}_{\mathrm{c}} \boldsymbol{D} - \gamma^2 \boldsymbol{I}$$

$\boldsymbol{\Psi}_{11}$、$\boldsymbol{\Psi}_{12}$、$\boldsymbol{\Psi}_{14}$、$\boldsymbol{\Psi}_{21}$、$\boldsymbol{\Psi}_{22}$、$\boldsymbol{\Psi}_{23}$、$\boldsymbol{\Psi}_{32}$、$\boldsymbol{\Psi}_{33}$、$\boldsymbol{\Psi}_{34}$、$\boldsymbol{\Psi}_{41}$、$\boldsymbol{\Psi}_{43}$ 和 $\boldsymbol{\Psi}_{44}$ 与定理 4 中的定义相同。

证明：当定理 4 中的矩阵不等式(3.56) 成立时，根据矩阵理论，显然有如下矩阵不等式成立：

$$\begin{bmatrix} \boldsymbol{\Psi}_{11} & \boldsymbol{\Psi}_{12} & 0 & \boldsymbol{\Psi}_{14} \\ \boldsymbol{\Psi}_{21} & \boldsymbol{\Psi}_{22} & \boldsymbol{\Psi}_{23} & 0 \\ 0 & \boldsymbol{\Psi}_{32} & \boldsymbol{\Psi}_{33} & \boldsymbol{\Psi}_{34} \\ \boldsymbol{\Psi}_{41} & 0 & \boldsymbol{\Psi}_{43} & \boldsymbol{\Psi}_{44} \end{bmatrix} < 0$$

同时，综合考虑定理中给定的其他条件，显然它们都是定理 4 的条件，所以由定理 4 可知，对于任意传感器节点到控制器节点网络传输延时 $\tau_{sc}(k) \in [0, \bar{\tau}_{sc}]$ 和任意控制器节点到执行器节点网络传输延时 $\tau_{ca}(k) \in [0, \bar{\tau}_{ca}]$，输出反馈闭环网络控制系统(3.8) 是渐近稳定的，且表达式(3.45) 是系统的一个 Lyapunov 泛函。

采用定理 4 中对矩阵 $\boldsymbol{\varepsilon}_{sc}(k)$、$\boldsymbol{\varepsilon}_{ca}(k)$、$\boldsymbol{M}$、$\boldsymbol{U}$、$\boldsymbol{Y}$、$\boldsymbol{W}$、$\boldsymbol{N}$ 和 $\boldsymbol{N}_c$ 的定义，可以得到与定理 4 相同的矩阵不等式形式的泛函差分 $\Delta \boldsymbol{V}(k)$ 的约束表达式(3.51)。注意到在考虑控制系统的 H_∞ 稳定性时，外部扰动也必须考虑，即 $\boldsymbol{\omega}(k) \neq 0$，所以，与定理 4 的证明过程不同的是，代入矩阵不等式(3.51) 的是考虑外部扰动 $\boldsymbol{\omega}(k)$ 的系统方程(3.8)，而不再是不考虑外部扰动 $\boldsymbol{\omega}(k)$ 的系统方程(3.52)，代入系统方程后可以得到如下的矩阵不等式：

$$\Delta \boldsymbol{V}(k) \leqslant \begin{bmatrix} \boldsymbol{x}(k) \\ \boldsymbol{x}(k-\tau_{sc}(k)) \\ \boldsymbol{x}_c(k) \\ \boldsymbol{x}_c(k-\tau_{ca}(k)) \\ \boldsymbol{\omega}(k) \\ \boldsymbol{\omega}(k-\tau_{sc}(k)) \end{bmatrix}^{\mathrm{T}} \begin{bmatrix} \boldsymbol{\Psi}_{11} & \boldsymbol{\Psi}_{12} & 0 & \boldsymbol{\Psi}_{14} & \boldsymbol{\Psi}_{15} & 0 \\ \boldsymbol{\Psi}_{21} & \boldsymbol{\Psi}_{22} & \boldsymbol{\Psi}_{23} & 0 & 0 & \boldsymbol{\Psi}_{26} \\ 0 & \boldsymbol{\Psi}_{32} & \boldsymbol{\Psi}_{33} & \boldsymbol{\Psi}_{34} & 0 & \boldsymbol{\Psi}_{36} \\ \boldsymbol{\Psi}_{41} & 0 & \boldsymbol{\Psi}_{43} & \boldsymbol{\Psi}_{44} & \boldsymbol{\Psi}_{45} & 0 \\ \boldsymbol{\Psi}_{51} & 0 & 0 & \boldsymbol{\Psi}_{54} & \boldsymbol{\Psi}_{55}+\gamma^2 \boldsymbol{I} & 0 \\ 0 & \boldsymbol{\Psi}_{62} & \boldsymbol{\Psi}_{63} & 0 & 0 & \boldsymbol{\Psi}_{66}+\gamma^2 \boldsymbol{I} \end{bmatrix} \begin{bmatrix} \boldsymbol{x}(k) \\ \boldsymbol{x}(k-\tau_{sc}(k)) \\ \boldsymbol{x}_c(k) \\ \boldsymbol{x}_c(k-\tau_{ca}(k)) \\ \boldsymbol{\omega}(k) \\ \boldsymbol{\omega}(k-\tau_{sc}(k)) \end{bmatrix} \tag{3.57}$$

对任意选择的整数 $n>0$，考虑定义如下表达式

$$J_n = \sum_{k=0}^{n} \|\boldsymbol{z}(k)\|^2 - \gamma^2 \sum_{k=0}^{n} \|\boldsymbol{\upsilon}(k)\|^2 \tag{3.58}$$

在零初始条件下，考虑 $\boldsymbol{\upsilon}(k)$ 的定义式(3.9)，合并求和符号，式(3.58) 可等价变换为如下形式：

$$J_n=\sum_{k=0}^{n}\|\boldsymbol{z}(k)\|^2-\gamma^2\sum_{k=0}^{n}\left\|\begin{matrix}\boldsymbol{\omega}(k)\\ \boldsymbol{\omega}(k-\tau_{sc}(k))\end{matrix}\right\|^2$$

$$=\sum_{k=0}^{n}[\boldsymbol{z}^{\mathrm{T}}(k)\boldsymbol{z}(k)-\gamma^2\boldsymbol{\omega}^{\mathrm{T}}(k)\boldsymbol{\omega}(k)-\gamma^2\boldsymbol{\omega}^{\mathrm{T}}(k-\tau_{sc}(k))\boldsymbol{\omega}(k-\tau_{sc}(k))$$
$$+\Delta\boldsymbol{V}(k)]-\boldsymbol{V}(n+1) \tag{3.59}$$

由矩阵不等式(3.57) 和表达式(3.59)，可以得到如下不等式：

$$J_n\leqslant\sum_{k=0}^{n}\left\{\begin{aligned}&\boldsymbol{z}^{\mathrm{T}}(k)\boldsymbol{z}(k)-\gamma^2\boldsymbol{\omega}^{\mathrm{T}}(k)\boldsymbol{\omega}(k)-\gamma^2\boldsymbol{\omega}^{\mathrm{T}}(k-\tau_{sc})(k))\boldsymbol{\omega}(k-\tau_{sc}(k))\\&+\begin{bmatrix}\boldsymbol{x}(k)\\ \boldsymbol{x}(k-\tau_{sc}(k))\\ \boldsymbol{x}_c(k)\\ \boldsymbol{x}_c(k-\tau_{ca}(k))\\ \boldsymbol{\omega}(k)\\ \boldsymbol{\omega}(k-\tau_{sc}(k))\end{bmatrix}^{\mathrm{T}}\begin{bmatrix}\boldsymbol{\Psi}_{11}&\boldsymbol{\Psi}_{12}&0&\boldsymbol{\Psi}_{14}&\boldsymbol{\Psi}_{15}&0\\ \boldsymbol{\Psi}_{21}&\boldsymbol{\Psi}_{22}&\boldsymbol{\Psi}_{23}&0&0&\boldsymbol{\Psi}_{26}\\ 0&\boldsymbol{\Psi}_{32}&\boldsymbol{\Psi}_{33}&\boldsymbol{\Psi}_{34}&0&\boldsymbol{\Psi}_{36}\\ \boldsymbol{\Psi}_{41}&0&\boldsymbol{\Psi}_{43}&\boldsymbol{\Psi}_{44}&\boldsymbol{\Psi}_{45}&0\\ \boldsymbol{\Psi}_{51}&0&0&\boldsymbol{\Psi}_{54}&\boldsymbol{\Psi}_{55}+\gamma^2\boldsymbol{I}&0\\ 0&\boldsymbol{\Psi}_{62}&\boldsymbol{\Psi}_{63}&0&0&\boldsymbol{\Psi}_{66}+\gamma^2\boldsymbol{I}\end{bmatrix}\begin{bmatrix}\boldsymbol{x}(k)\\ \boldsymbol{x}(k-\tau_{sc}(k))\\ \boldsymbol{x}_c(k)\\ \boldsymbol{x}_c(k-\tau_{ca}(k))\\ \boldsymbol{\omega}(k)\\ \boldsymbol{\omega}(k-\tau_{sc}(k))\end{bmatrix}\end{aligned}\right.$$
$$-\boldsymbol{V}(n+1)$$

拆分中间的矩阵，可以将如上矩阵不等式进一步变换为如下形式：

$$J_n\leqslant\sum_{k=0}^{n}\begin{bmatrix}\boldsymbol{x}(k)\\ \boldsymbol{x}(k-\tau_{sc}(k))\\ \boldsymbol{x}_c(k)\\ \boldsymbol{x}_c(k-\tau_{ca}(k))\\ \boldsymbol{\omega}(k)\\ \boldsymbol{\omega}(k-\tau_{sc}(k))\end{bmatrix}^{\mathrm{T}}\left\{\begin{aligned}&-\begin{bmatrix}\boldsymbol{C}^{\mathrm{T}}\\0\\0\\0\\ \boldsymbol{D}^{\mathrm{T}}\\0\end{bmatrix}(-\boldsymbol{I})[\boldsymbol{C}\ \ 0\ \ 0\ \ 0\ \ \boldsymbol{D}\ \ 0]\\&+\begin{bmatrix}\boldsymbol{\Psi}_{11}&\boldsymbol{\Psi}_{12}&0&\boldsymbol{\Psi}_{14}&\boldsymbol{\Psi}_{15}&0\\ \boldsymbol{\Psi}_{21}&\boldsymbol{\Psi}_{22}&\boldsymbol{\Psi}_{23}&0&0&\boldsymbol{\Psi}_{26}\\ 0&\boldsymbol{\Psi}_{32}&\boldsymbol{\Psi}_{33}&\boldsymbol{\Psi}_{34}&0&\boldsymbol{\Psi}_{36}\\ \boldsymbol{\Psi}_{41}&0&\boldsymbol{\Psi}_{43}&\boldsymbol{\Psi}_{44}&\boldsymbol{\Psi}_{45}&0\\ \boldsymbol{\Psi}_{51}&0&0&\boldsymbol{\Psi}_{54}&\boldsymbol{\Psi}_{55}&0\\ 0&\boldsymbol{\Psi}_{62}&\boldsymbol{\Psi}_{63}&0&0&\boldsymbol{\Psi}_{66}\end{bmatrix}\end{aligned}\right\}\begin{bmatrix}\boldsymbol{x}(k)\\ \boldsymbol{x}(k-\tau_{sc}(k))\\ \boldsymbol{x}_c(k)\\ \boldsymbol{x}_c(k-\tau_{ca}(k))\\ \boldsymbol{\omega}(k)\\ \boldsymbol{\omega}(k-\tau_{sc}(k))\end{bmatrix}$$
$$-\boldsymbol{V}(n+1) \tag{3.60}$$

当定理 4 中给定的矩阵不等式(3.56) 成立时，对其应用引理 2，可以得到如下矩阵不等式：

$$-\begin{bmatrix}\boldsymbol{C}^{\mathrm{T}}\\0\\0\\0\\\boldsymbol{D}^{\mathrm{T}}\\0\end{bmatrix}(-\boldsymbol{I})\begin{bmatrix}\boldsymbol{C} & 0 & 0 & 0 & \boldsymbol{D} & 0\end{bmatrix}+\begin{bmatrix}\boldsymbol{\Psi}_{11} & \boldsymbol{\Psi}_{12} & 0 & \boldsymbol{\Psi}_{14} & \boldsymbol{\Psi}_{15} & 0\\\boldsymbol{\Psi}_{21} & \boldsymbol{\Psi}_{22} & \boldsymbol{\Psi}_{23} & 0 & 0 & \boldsymbol{\Psi}_{26}\\0 & \boldsymbol{\Psi}_{32} & \boldsymbol{\Psi}_{33} & \boldsymbol{\Psi}_{34} & 0 & \boldsymbol{\Psi}_{36}\\\boldsymbol{\Psi}_{41} & 0 & \boldsymbol{\Psi}_{43} & \boldsymbol{\Psi}_{44} & \boldsymbol{\Psi}_{45} & 0\\\boldsymbol{\Psi}_{51} & 0 & 0 & \boldsymbol{\Psi}_{54} & \boldsymbol{\Psi}_{55} & 0\\0 & \boldsymbol{\Psi}_{62} & \boldsymbol{\Psi}_{63} & 0 & 0 & \boldsymbol{\Psi}_{66}\end{bmatrix}<0 \tag{3.61}$$

同时考虑到泛函 $\boldsymbol{V}(k)$ 的正定性，可以知道 $-\boldsymbol{V}(n+1)<0$，则能够推知如下不等式：

$$J_n=\sum_{k=0}^{n}\|\boldsymbol{z}(k)\|^2-\gamma^2\sum_{k=0}^{n}\|\boldsymbol{v}(k)\|^2<0 \tag{3.62}$$

整理不等式形式，即可得到如下所示的描述 H_∞ 性能指标 γ 的不等式：

$$\sum_{k=0}^{n}\|\boldsymbol{z}(k)\|^2<\gamma^2\sum_{k=0}^{n}\|\boldsymbol{v}(k)\|^2 \tag{3.63}$$

不等式说明，对于任意传感器节点到控制器节点网络传输延时 $\tau_{sc}(k)\in[0,\bar{\tau}_{sc}]$ 和任意控制器节点到执行器节点网络传输延时 $\tau_{ca}(k)\in[0,\bar{\tau}_{ca}]$，输出反馈闭环网络控制系统(3.8) 满足 H_∞ 性能指标 γ。至此，定理 5 得到证明。

3.5 状态反馈闭环网络控制系统镇定策略

定理 1～定理 5 给出了判断闭环网络控制系统稳定性的充分条件。由于本章网络控制系统反馈控制器都是已知的常数矩阵，在定理 1～定理 5 的证明过程中，涉及的矩阵不等式都是线性矩阵不等式。此时，通过选择合适的矩阵，观察相应的条件矩阵不等式，利用 Lyapunov-Krasovskii 稳定性理论，可以容易地确定系统是否是稳定的，并且可以进一步确定系统是渐近稳定的还是 H_∞ 稳定的。但是，如果一个已知的网络控制系统控制对象需要求取一个控制器，必须保证网络控制系统是渐近稳定的或 H_∞ 稳定的。这个要求上述定理的证明过程便无法满足了。当将状态反馈控制律 $\boldsymbol{F}$ 作为未知的待求常数矩阵时，定理结论中的矩阵不等式中出现了矩阵变量与矩阵变量相乘的情况，该矩阵不等式就不再是线性矩阵不等式，而成为了双线性矩阵不等式（bilinear matrix inequalities，BMI)，也就无法再使用线性矩阵不等式技术进行求解了。此时，为了方便求解，需要通过矩阵变形，进一步推导出基于线性矩阵不等式形式的状态反馈镇定策略。目前，针对利用 Lyapunov-Krasovskii 定理解决网络控制系统稳定性问题时出现双线性矩阵不等式的情况，主要解决思路是对双线性矩阵不等式中的矩阵关系进行强制假设，得到一些约束关系，在此基础上，可以将双线性矩阵不等式转化为线性矩阵不等式，但是其代价是加大了控制器设计的保守性。进一步，可以利用锥补线性化方法（cone complementarity linearization，CCL）对有约束关系的线性矩阵不等式进行求解。定理 6 和定理 7 就采用这种思路给出两个状态反馈网络控制系统控制器设计方案。

定理 6 给出使状态反馈闭环网络控制系统(3.5）渐近稳定的控制器设计策略。

定理 6： 如果存在适当维数的对称矩阵 $\boldsymbol{P}>0$、$\widetilde{\boldsymbol{M}}=\begin{bmatrix}\widetilde{\boldsymbol{M}}_{11} & \widetilde{\boldsymbol{M}}_{12}\\ \widetilde{\boldsymbol{M}}_{21} & \widetilde{\boldsymbol{M}}_{22}\end{bmatrix}$，以及矩阵 $\boldsymbol{G}$ 和 $\widetilde{\boldsymbol{Y}}=\begin{bmatrix}\widetilde{\boldsymbol{Y}}_1\\ \widetilde{\boldsymbol{Y}}_2\end{bmatrix}$，使得下列矩阵不等式成立：

$$\begin{bmatrix}\widetilde{\boldsymbol{M}}_{11} & \widetilde{\boldsymbol{M}}_{12} & \widetilde{\boldsymbol{Y}}_1\\ \widetilde{\boldsymbol{M}}_{21} & \widetilde{\boldsymbol{M}}_{22} & \widetilde{\boldsymbol{Y}}_2\\ \widetilde{\boldsymbol{Y}}_1^{\mathrm{T}} & \widetilde{\boldsymbol{Y}}_2^{\mathrm{T}} & \boldsymbol{P}^{-1}\end{bmatrix}\geqslant 0 \tag{3.64}$$

$$\begin{bmatrix} -\boldsymbol{P}^{-1}+\bar{\tau}\widetilde{\boldsymbol{M}}_{11}+2\widetilde{\boldsymbol{Y}}_1 & \bar{\tau}\widetilde{\boldsymbol{M}}_{12}-2\widetilde{\boldsymbol{Y}}_1 & \boldsymbol{P}^{-1}(\boldsymbol{A}^{\mathrm{T}}-\boldsymbol{I}) & \boldsymbol{P}^{-1}\boldsymbol{A}^{\mathrm{T}} \\ \bar{\tau}\widetilde{\boldsymbol{M}}_{21}+2\widetilde{\boldsymbol{Y}}_2 & \bar{\tau}\widetilde{\boldsymbol{M}}_{22}-2\widetilde{\boldsymbol{Y}}_2 & \boldsymbol{G}^{\mathrm{T}}\boldsymbol{B}^{\mathrm{T}} & \boldsymbol{G}^{\mathrm{T}}\boldsymbol{B}^{\mathrm{T}} \\ (\boldsymbol{A}-\boldsymbol{I})\boldsymbol{P}^{-1} & \boldsymbol{B}\boldsymbol{G} & -\frac{1}{\bar{\tau}}\boldsymbol{P}^{-1} & 0 \\ \boldsymbol{A}\boldsymbol{P}^{-1} & \boldsymbol{B}\boldsymbol{G} & 0 & -\boldsymbol{P}^{-1} \end{bmatrix}<0 \quad (3.65)$$

则对于任意网络传输延时 $\tau(k)\in[0,\bar{\tau}]$，存在状态反馈控制律 $\boldsymbol{F}=\boldsymbol{G}\boldsymbol{P}$，使状态反馈闭环网络控制系统(3.5) 是渐近稳定的。

证明： 将矩阵不等式(3.11) 进行等价变换，可得如下形式矩阵不等式：

$$\begin{aligned} &-\begin{bmatrix} \boldsymbol{A}^{\mathrm{T}}-\boldsymbol{I} \\ \boldsymbol{F}^{\mathrm{T}}\boldsymbol{B}^{\mathrm{T}} \end{bmatrix}(-\bar{\tau}\boldsymbol{Q})\begin{bmatrix} \boldsymbol{A}-\boldsymbol{I} & \boldsymbol{B}\boldsymbol{F} \end{bmatrix} \\ &+\begin{bmatrix} -\boldsymbol{P}+\boldsymbol{A}^{\mathrm{T}}\boldsymbol{P}\boldsymbol{A}+\bar{\tau}\boldsymbol{M}_{11}+2\boldsymbol{Y}_1 & \boldsymbol{A}^{\mathrm{T}}\boldsymbol{P}\boldsymbol{B}\boldsymbol{F}+\bar{\tau}\boldsymbol{M}_{12}-2\boldsymbol{Y}_1 \\ \boldsymbol{F}^{\mathrm{T}}\boldsymbol{B}^{\mathrm{T}}\boldsymbol{P}\boldsymbol{A}+\bar{\tau}\boldsymbol{M}_{21}+2\boldsymbol{Y}_2 & \boldsymbol{F}^{\mathrm{T}}\boldsymbol{B}^{\mathrm{T}}\boldsymbol{P}\boldsymbol{B}\boldsymbol{F}+\bar{\tau}\boldsymbol{M}_{22}-2\boldsymbol{Y}_2 \end{bmatrix}<0 \end{aligned} \quad (3.66)$$

注意到矩阵 $\boldsymbol{Q}$ 的正定性，即 $\boldsymbol{Q}>0$，对矩阵不等式(3.66) 应用引理 2，可以得到与矩阵不等式(3.66) 等价的矩阵不等式，形式如下：

$$\begin{bmatrix} -\boldsymbol{P}+\boldsymbol{A}^{\mathrm{T}}\boldsymbol{P}\boldsymbol{A}+\bar{\tau}\boldsymbol{M}_{11}+2\boldsymbol{Y}_1 & \boldsymbol{A}^{\mathrm{T}}\boldsymbol{P}\boldsymbol{B}\boldsymbol{F}+\bar{\tau}\boldsymbol{M}_{12}-2\boldsymbol{Y}_1 & \boldsymbol{A}^{\mathrm{T}}-\boldsymbol{I} \\ \boldsymbol{F}^{\mathrm{T}}\boldsymbol{B}^{\mathrm{T}}\boldsymbol{P}\boldsymbol{A}+\bar{\tau}\boldsymbol{M}_{21}+2\boldsymbol{Y}_2 & \boldsymbol{F}^{\mathrm{T}}\boldsymbol{B}^{\mathrm{T}}\boldsymbol{P}\boldsymbol{B}\boldsymbol{F}+\bar{\tau}\boldsymbol{M}_{22}-2\boldsymbol{Y}_2 & \boldsymbol{F}^{\mathrm{T}}\boldsymbol{B}^{\mathrm{T}} \\ \boldsymbol{A}-\boldsymbol{I} & \boldsymbol{B}\boldsymbol{F} & -\frac{1}{\bar{\tau}}\boldsymbol{Q}^{-1} \end{bmatrix}<0$$

(3.67)

对矩阵不等式(3.67) 左右两侧同时左乘和右乘如下对称矩阵：

$$\begin{bmatrix} \boldsymbol{P}^{-1} & 0 & 0 \\ 0 & \boldsymbol{P}^{-1} & 0 \\ 0 & 0 & \boldsymbol{I} \end{bmatrix}$$

根据矩阵理论，容易判断上述矩阵的正定性。据此，可以得到如下形式的矩阵不等式：

$$\begin{bmatrix} \boldsymbol{\Lambda}_{11} & \boldsymbol{\Lambda}_{12} & \boldsymbol{P}^{-1}(\boldsymbol{A}^{\mathrm{T}}-\boldsymbol{I}) \\ \boldsymbol{\Lambda}_{21} & \boldsymbol{\Lambda}_{22} & \boldsymbol{P}^{-1}\boldsymbol{F}^{\mathrm{T}}\boldsymbol{B}^{\mathrm{T}} \\ (\boldsymbol{A}-\boldsymbol{I})\boldsymbol{P}^{-1} & \boldsymbol{BFP}^{-1} & -\frac{1}{\bar{\tau}}\boldsymbol{Q}^{-1} \end{bmatrix}<0 \tag{3.68}$$

其中，

$$\boldsymbol{\Lambda}_{11}=-\boldsymbol{P}^{-1}+\boldsymbol{P}^{-1}\boldsymbol{A}^{\mathrm{T}}\boldsymbol{PAP}^{-1}+\boldsymbol{P}^{-1}(\bar{\tau}\boldsymbol{M}_{11}+2\boldsymbol{Y}_1)\boldsymbol{P}^{-1}$$

$$\boldsymbol{\Lambda}_{12}=\boldsymbol{P}^{-1}\boldsymbol{A}^{\mathrm{T}}\boldsymbol{PBFP}^{-1}+\boldsymbol{P}^{-1}(\bar{\tau}\boldsymbol{M}_{12}-2\boldsymbol{Y}_1)\boldsymbol{P}^{-1}$$

$$\boldsymbol{\Lambda}_{21}=\boldsymbol{P}^{-1}\boldsymbol{F}^{\mathrm{T}}\boldsymbol{B}^{\mathrm{T}}\boldsymbol{PAP}^{-1}+\boldsymbol{P}^{-1}(\bar{\tau}\boldsymbol{M}_{21}+2\boldsymbol{Y}_2)\boldsymbol{P}^{-1}$$

$$\boldsymbol{\Lambda}_{22}=\boldsymbol{P}^{-1}\boldsymbol{F}^{\mathrm{T}}\boldsymbol{B}^{\mathrm{T}}\boldsymbol{PBFP}^{-1}+\boldsymbol{P}^{-1}(\bar{\tau}\boldsymbol{M}_{22}-2\boldsymbol{Y}_2)\boldsymbol{P}^{-1}$$

将矩阵不等式(3.68)进行等价变换，可以进一步得到如下形式的矩阵不等式：

$$-\begin{bmatrix} \boldsymbol{P}^{-1}\boldsymbol{A}^{\mathrm{T}} \\ \boldsymbol{P}^{-1}\boldsymbol{F}^{\mathrm{T}}\boldsymbol{B}^{\mathrm{T}} \\ 0 \end{bmatrix}(-\boldsymbol{P})\begin{bmatrix} \boldsymbol{AP}^{-1} & \boldsymbol{BFP}^{-1} & 0 \end{bmatrix}$$
$$+\begin{bmatrix} -\boldsymbol{P}^{-1}+\boldsymbol{P}^{-1}(\bar{\tau}\boldsymbol{M}_{11}+2\boldsymbol{Y}_1)\boldsymbol{P}^{-1} & \boldsymbol{P}^{-1}(\bar{\tau}\boldsymbol{M}_{12}-2\boldsymbol{Y}_1)\boldsymbol{P}^{-1} & \boldsymbol{P}^{-1}(\boldsymbol{A}^{\mathrm{T}}-\boldsymbol{I}) \\ \boldsymbol{P}^{-1}(\bar{\tau}\boldsymbol{M}_{21}+2\boldsymbol{Y}_2)\boldsymbol{P}^{-1} & \boldsymbol{P}^{-1}(\bar{\tau}\boldsymbol{M}_{22}-2\boldsymbol{Y}_2)\boldsymbol{P}^{-1} & \boldsymbol{P}^{-1}\boldsymbol{F}^{\mathrm{T}}\boldsymbol{B}^{\mathrm{T}} \\ (\boldsymbol{A}-\boldsymbol{I})\boldsymbol{P}^{-1} & \boldsymbol{BFP}^{-1} & -\frac{1}{\bar{\tau}}\boldsymbol{Q}^{-1} \end{bmatrix}<0 \tag{3.69}$$

注意到矩阵 $\boldsymbol{P}$ 的正定性，即 $\boldsymbol{P}>0$，对矩阵不等式(3.69)应用引理2，可得与之等价的如下不等式：

$$\begin{bmatrix} -\boldsymbol{P}^{-1}+\boldsymbol{P}^{-1}(\bar{\tau}\boldsymbol{M}_{11}+2\boldsymbol{Y}_1)\boldsymbol{P}^{-1} & \boldsymbol{P}^{-1}(\bar{\tau}\boldsymbol{M}_{12}-2\boldsymbol{Y}_1)\boldsymbol{P}^{-1} & \boldsymbol{P}^{-1}(\boldsymbol{A}^{\mathrm{T}}-\boldsymbol{I}) & \boldsymbol{P}^{-1}\boldsymbol{A}^{\mathrm{T}} \\ \boldsymbol{P}^{-1}(\bar{\tau}\boldsymbol{M}_{21}+2\boldsymbol{Y}_2)\boldsymbol{P}^{-1} & \boldsymbol{P}^{-1}(\bar{\tau}\boldsymbol{M}_{22}-2\boldsymbol{Y}_2)\boldsymbol{P}^{-1} & \boldsymbol{P}^{-1}\boldsymbol{F}^{\mathrm{T}}\boldsymbol{B}^{\mathrm{T}} & \boldsymbol{P}^{-1}\boldsymbol{F}^{\mathrm{T}}\boldsymbol{B}^{\mathrm{T}} \\ (\boldsymbol{A}-\boldsymbol{I})\boldsymbol{P}^{-1} & \boldsymbol{BFP}^{-1} & -\frac{1}{\bar{\tau}}\boldsymbol{Q}^{-1} & 0 \\ \boldsymbol{AP}^{-1} & \boldsymbol{BFP}^{-1} & 0 & -\boldsymbol{P}^{-1} \end{bmatrix}<0 \tag{3.70}$$

对矩阵不等式(3.10) 左右两侧同时左乘和右乘如下对称矩阵：

$$\begin{bmatrix} \boldsymbol{P}^{-1} & 0 & 0 \\ 0 & \boldsymbol{P}^{-1} & 0 \\ 0 & 0 & \boldsymbol{P}^{-1} \end{bmatrix}$$

根据矩阵理论，容易判断上述矩阵的正定性。据此，可以得到如下形式的矩阵不等式：

$$\begin{bmatrix} \boldsymbol{P}^{-1}\boldsymbol{M}_{11}\boldsymbol{P}^{-1} & \boldsymbol{P}^{-1}\boldsymbol{M}_{12}\boldsymbol{P}^{-1} & \boldsymbol{P}^{-1}\boldsymbol{Y}_1\boldsymbol{P}^{-1} \\ \boldsymbol{P}^{-1}\boldsymbol{M}_{21}\boldsymbol{P}^{-1} & \boldsymbol{P}^{-1}\boldsymbol{M}_{22}\boldsymbol{P}^{-1} & \boldsymbol{P}^{-1}\boldsymbol{Y}_2\boldsymbol{P}^{-1} \\ \boldsymbol{P}^{-1}\boldsymbol{Y}_1^{\mathrm{T}}\boldsymbol{P}^{-1} & \boldsymbol{P}^{-1}\boldsymbol{Y}_2^{\mathrm{T}}\boldsymbol{P}^{-1} & \boldsymbol{P}^{-1}\boldsymbol{Q}\boldsymbol{P}^{-1} \end{bmatrix} \geqslant 0 \tag{3.71}$$

为了方便表述，引入如下定义：

$$\begin{aligned} &\begin{bmatrix} \widetilde{\boldsymbol{M}}_{11} & \widetilde{\boldsymbol{M}}_{12} \\ \widetilde{\boldsymbol{M}}_{21} & \widetilde{\boldsymbol{M}}_{22} \end{bmatrix} = \begin{bmatrix} \boldsymbol{P}^{-1}\boldsymbol{M}_{11}\boldsymbol{P}^{-1} & \boldsymbol{P}^{-1}\boldsymbol{M}_{12}\boldsymbol{P}^{-1} \\ \boldsymbol{P}^{-1}\boldsymbol{M}_{21}\boldsymbol{P}^{-1} & \boldsymbol{P}^{-1}\boldsymbol{M}_{22}\boldsymbol{P}^{-1} \end{bmatrix} \\ &\begin{bmatrix} \widetilde{\boldsymbol{Y}}_1 \\ \widetilde{\boldsymbol{Y}}_2 \end{bmatrix} = \begin{bmatrix} \boldsymbol{P}^{-1}\boldsymbol{Y}_1\boldsymbol{P}^{-1} \\ \boldsymbol{P}^{-1}\boldsymbol{Y}_2\boldsymbol{P}^{-1} \end{bmatrix} \\ &\boldsymbol{G} = \boldsymbol{F}\boldsymbol{P}^{-1} \end{aligned} \tag{3.72}$$

将定义式 (3.72) 代入矩阵不等式(3.70)，则矩阵不等式(3.70) 可以变换为如下形式：

$$\begin{bmatrix} -\boldsymbol{P}^{-1}+\bar{\tau}\widetilde{\boldsymbol{M}}_{11}+2\widetilde{\boldsymbol{Y}}_1 & \bar{\tau}\widetilde{\boldsymbol{M}}_{12}-2\widetilde{\boldsymbol{Y}}_1 & \boldsymbol{P}^{-1}(\boldsymbol{A}^{\mathrm{T}}-\boldsymbol{I}) & \boldsymbol{P}^{-1}\boldsymbol{A}^{\mathrm{T}} \\ \bar{\tau}\widetilde{\boldsymbol{M}}_{21}+2\widetilde{\boldsymbol{Y}}_2 & \bar{\tau}\widetilde{\boldsymbol{M}}_{22}-2\widetilde{\boldsymbol{Y}}_2 & \boldsymbol{G}^{\mathrm{T}}\boldsymbol{B}^{\mathrm{T}} & \boldsymbol{G}^{\mathrm{T}}\boldsymbol{B}^{\mathrm{T}} \\ (\boldsymbol{A}-\boldsymbol{I})\boldsymbol{P}^{-1} & \boldsymbol{B}\boldsymbol{G} & -\frac{1}{\bar{\tau}}\boldsymbol{Q}^{-1} & 0 \\ \boldsymbol{A}\boldsymbol{P}^{-1} & \boldsymbol{B}\boldsymbol{G} & 0 & -\boldsymbol{P}^{-1} \end{bmatrix} < 0 \tag{3.73}$$

将定义式(3.72) 代入矩阵不等式(3.71)，则矩阵不等式(3.71) 可以变换为如下形式：

$$\begin{bmatrix} \widetilde{\boldsymbol{M}}_{11} & \widetilde{\boldsymbol{M}}_{12} & \widetilde{\boldsymbol{Y}}_1 \\ \widetilde{\boldsymbol{M}}_{21} & \widetilde{\boldsymbol{M}}_{22} & \widetilde{\boldsymbol{Y}}_2 \\ \widetilde{\boldsymbol{Y}}_1^{\mathrm{T}} & \widetilde{\boldsymbol{Y}}_2^{\mathrm{T}} & \boldsymbol{P}^{-1}\boldsymbol{Q}\boldsymbol{P}^{-1} \end{bmatrix} \geqslant 0 \tag{3.74}$$

项 $\boldsymbol{P}^{-1}\boldsymbol{Q}\boldsymbol{P}^{-1}$ 存在着矩阵相乘的情况，这种矩阵相乘的存在使矩阵不等式条件(3.74) 不再是线性矩阵不等式条件，而是非线性矩阵不等式。此时，应用凸优化算法无法找到全局最优解。比较简单且常用的处理方法是在矩阵不等式(3.73) 和不等式(3.74) 中假设 $\boldsymbol{P}=\boldsymbol{Q}$，这种假设可以将非线性矩阵不等式条件转换成线性矩阵不等式条件，以方便利用现有数学工具进行求解。将假设的条件 $\boldsymbol{P}=\boldsymbol{Q}$ 代入矩阵不等式(3.73) 和不等式(3.74)，即可以得到矩阵不等式条件(3.65) 和 (3.64)。从而，定理 6 得到证明。

定理 7 给出使状态反馈闭环网络控制系统(3.5) H_∞ 稳定的控制器设计策略。

定理 7： 如果存在适当维数的对称矩阵 $\boldsymbol{P}>0$、$\widetilde{\boldsymbol{M}}=\begin{bmatrix}\widetilde{\boldsymbol{M}}_{11} & \widetilde{\boldsymbol{M}}_{12}\\ \widetilde{\boldsymbol{M}}_{21} & \widetilde{\boldsymbol{M}}_{22}\end{bmatrix}$，以及矩阵 $\boldsymbol{G}$ 和 $\widetilde{\boldsymbol{Y}}=\begin{bmatrix}\widetilde{\boldsymbol{Y}}_1\\ \widetilde{\boldsymbol{Y}}_2\end{bmatrix}$，使得下列矩阵不等式成立：

$$\begin{bmatrix}\widetilde{\boldsymbol{M}}_{11} & \widetilde{\boldsymbol{M}}_{12} & \widetilde{\boldsymbol{Y}}_1\\ \widetilde{\boldsymbol{M}}_{21} & \widetilde{\boldsymbol{M}}_{22} & \widetilde{\boldsymbol{Y}}_2\\ \widetilde{\boldsymbol{Y}}_1^{\mathrm{T}} & \widetilde{\boldsymbol{Y}}_2^{\mathrm{T}} & \boldsymbol{P}^{-1}\end{bmatrix}\geqslant 0 \tag{3.75}$$

$$\begin{bmatrix}-\boldsymbol{P}^{-1}+\bar{\tau}\widetilde{\boldsymbol{M}}_{11}+2\widetilde{\boldsymbol{Y}}_1 & \bar{\tau}\widetilde{\boldsymbol{M}}_{12}-2\widetilde{\boldsymbol{Y}}_1 & 0 & \boldsymbol{P}^{-1}\boldsymbol{C}^{\mathrm{T}} & \boldsymbol{P}^{-1}(\boldsymbol{A}^{\mathrm{T}}-\boldsymbol{I}) & \boldsymbol{P}^{-1}\boldsymbol{A}^{\mathrm{T}}\\ \bar{\tau}\widetilde{\boldsymbol{M}}_{21}+2\widetilde{\boldsymbol{Y}}_2 & \bar{\tau}\widetilde{\boldsymbol{M}}_{22}-2\widetilde{\boldsymbol{Y}}_2 & 0 & 0 & \boldsymbol{G}^{\mathrm{T}}\boldsymbol{B}^{\mathrm{T}} & \boldsymbol{G}^{\mathrm{T}}\boldsymbol{B}^{\mathrm{T}}\\ 0 & 0 & -\gamma^2\boldsymbol{I} & \boldsymbol{D}^{\mathrm{T}} & \boldsymbol{E}^{\mathrm{T}} & \boldsymbol{E}^{\mathrm{T}}\\ \boldsymbol{C}\boldsymbol{P}^{-1} & 0 & \boldsymbol{D} & -\boldsymbol{I} & 0 & 0\\ (\boldsymbol{A}-\boldsymbol{I})\boldsymbol{P}^{-1} & \boldsymbol{B}\boldsymbol{G} & \boldsymbol{E} & 0 & -\frac{1}{\bar{\tau}}\boldsymbol{P}^{-1} & 0\\ \boldsymbol{A}\boldsymbol{P}^{-1} & \boldsymbol{B}\boldsymbol{G} & \boldsymbol{E} & 0 & 0 & -\boldsymbol{P}^{-1}\end{bmatrix}<0 \tag{3.76}$$

则对于任意网络传输延时 $\tau(k)\in[0,\bar{\tau}]$，存在状态反馈控制律 $\boldsymbol{F}=\boldsymbol{G}\boldsymbol{P}$，使状态反馈闭环控制系统(3.5) 满足 H_∞ 性能指标 γ。

定理 7 的证明过程与方法同定理 6 相似，不作赘述。

3.6 数值仿真

为了验证和比较网络控制系统控制器的性能，我们采用 Matlab 对一个统一的系统控制对象进行数值仿真。

$$\boldsymbol{x}(k+1)=\begin{bmatrix}0.6 & 0.5\\ 0 & 0.71\end{bmatrix}\boldsymbol{x}(k)+\begin{bmatrix}0.1\\ 0.1\end{bmatrix}\boldsymbol{u}(k)+\begin{bmatrix}0.5\\ 0.2\end{bmatrix}\boldsymbol{\omega}(k)$$
$$\boldsymbol{y}(k)=[1\quad 2]\boldsymbol{x}(k)+0.1\boldsymbol{\omega}(k) \tag{3.77}$$

针对控制对象（3.77）设计状态反馈网络控制系统闭环控制器，并进行数值仿真。Mei YU 等应用 Lyapunov-Razumikhin 定理给出了一种状态反馈闭环网络控制系统控制器的设计方法，并对被控对象(3.77）进行了数值仿真。按照 Mei YU 的控制器设计方法得到的状态反馈控制律为[0.7001 0]，图 3.1 为 Mei YU 应用 Lyapunov-Razumikhin 定理设计的控制器的冲激响应状态曲线。仿真表明，该控制器能够允许的最大网络传输延时为 3 个采样周期。仿真图像表明控制系统在时间零点接收到冲激信号时，大概需要 40 个采样周期恢复到原始状态；采用本章定理 6 的方法，得到的状态反馈控制律为[−0.1632 0.8647]，图 3.2 为应用定理 6 设计的控制器的冲激响应状态曲线。仿真表明，该控制器能够允许的最大网络传输延时为 5 个采样周期。仿真图像表明控制系统在时间零点接收到

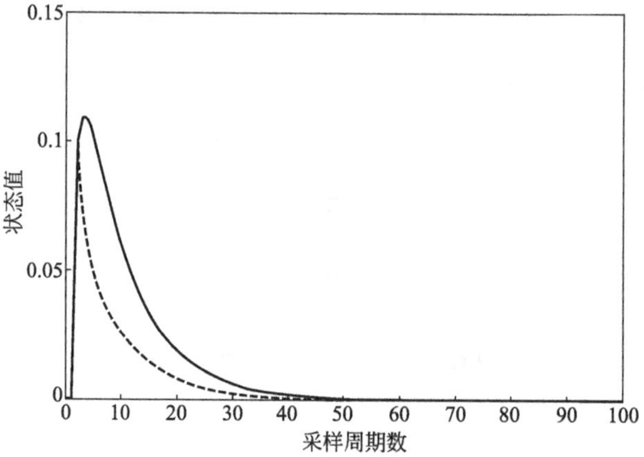

图 3.1 应用 Lyapunov-Razumikhin 定理的冲激响应状态曲线

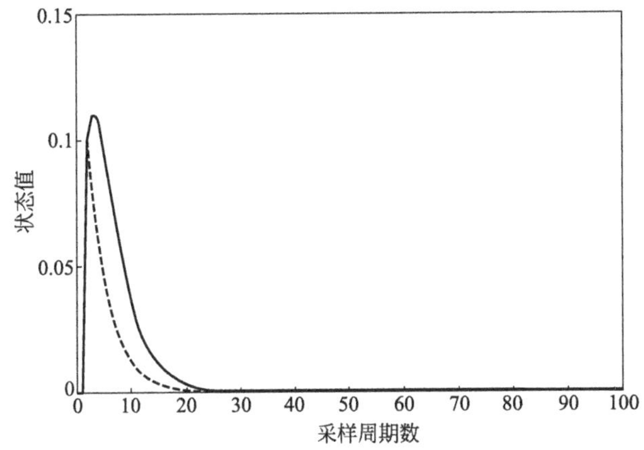

图 3.2　应用定理 6 的冲激响应状态曲线

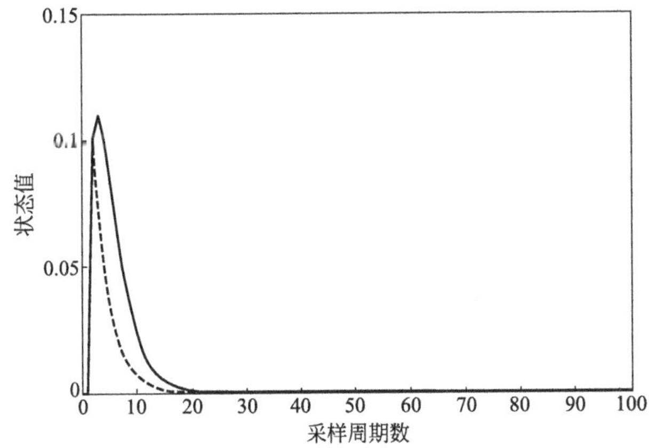

图 3.3　应用定理 7 的冲激响应状态曲线

冲激信号时，大概需要 23 个采样周期恢复到原始状态；采用本章定理 7 的方法，得到的状态反馈控制律为 [−0.2032　0.9997]。图 3.3 为应用定理 7 设计的控制器的冲激响应状态曲线。仿真表明，该控制器能够允许的最大网络传输延时也为 5 个采样周期。仿真图像表明控制系统在时间零点接收到冲激信号时，大概需要 18 个采样周期恢复到原始状态。显然，定理 6 和定理 7 不同程度地有效地降低了保守性。比较仿真结果可知，应用定理 6 设计的状态反馈控制器使冲激响应的状态回到平衡位置所需要的时间减少了，其动态性能有所提升，应用定理 7 设计的状态反馈控制器使冲激响应的状态回到平衡位置所需要的时间也有所减少，其动态性能也得到了提高。

表 3.2 给出了应用定理 7 时，不同最大网络传输延时上界对应的状态反馈系统性能。

表 3.2 不同最大网络传输延时上界对应的 H_∞ 控制器性能

延时上界 $\bar{\tau}$/采样周期	1	2	3	4	5
性能指标 γ^2	2.4419	4.4925	6.1074	13.5708	362.0662

3.7 小结

对具有不确定性的、有界的网络传输延时的离散网络控制系统进行数学建模，分别得到状态反馈和输出反馈闭环网络控制系统的离散数学模型。其中，输出反馈闭环网络控制系统的建模分别考虑了传感器节点到控制器节点的网络传输延时 $\tau_{sc}(k)$ 和控制器节点到执行器节点的网络传输延时 $\tau_{ca}(k)$，这种考虑方式更符合工程实际的情况；利用 Lyapunov-Krasovskii 定理和自由权矩阵方法，分别对状态反馈和输出反馈闭环网络控制系统进行了稳定性分析，并讨论了使系统渐近稳定和满足 H_∞ 性能指标 γ 的状态反馈控制器的设计方法。在稳定性分析和镇定策略设计过程中，采用了更简练的 Lyapunov 泛函和与牛顿-莱布尼茨公式相对应的离散形式的零等式作为上限约束技术，以确保结果的稳定保守性降低。最后，通过数值仿真验证了状态反馈控制器设计方法的可行性和优越性。

第4章 基于模型参考自适应的无刷直流电机网络控制传动系统

4.1 模型参考自适应控制的基本概念

人们早已经发现，实际的工程控制对象自身及所处环境往往比较复杂，控制对象自身的参数会由于种种外部扰动和内部自身原因而发生变化，从而引起数学模型的变化。对于这种数学模型会在工作过程中变化的控制对象，基于确定模型设计控制系统的方法就都不适用了。所谓的自适应控制系统就是对于系统无法预知又无法避免的变化，能通过一定的机制使控制对象保持所希望的状态。一个自适应控制系统能在系统运行过程中，通过不断地测量系统的输入、系统状态和系统输出，逐渐地了解和掌握对象，然后将所获得的信息进行分析和综合，按照一定的设计方法，做出控制决策去修正控制器的结构或者参数，以便在某种意义下，使控制效果达到最优或者近似最优。

20世纪50年代初期，在设计高性能飞机的自动驾驶仪时，人们就已经对自适应控制进行了广泛的研究。这种高性能飞机的飞行速度和飞行高度范围十分宽广，已经发现，在一种飞行条件下，增益恒定的常规线性反馈控制器的控制性能相当良好，而在飞行条件改变后，这种控制就遇到了麻烦。所以需要一种更加复杂的调节器，使它在各种飞行条件下都能有良好的工作性能。60年代，控制理论的许多成果，例如，状态空间理论、稳定性理论和随机控制理论，都对发展自适应控制起到了重要的作用。Bellman提出的动态规划也加深了对自适应过程的理解；而 Tsypkin 则证明了许多学习方案和自适应控制方案都能按一种共同的体系描述为一种特定类型的递推方程。70 年代末 80 年代初，自适应系统稳定性的严格证明被提出了，这些工作激励了更多的研究者投入到一种新的有意义的工作中，即对自适应控制器鲁棒性的研究，以及具有泛稳定性的自适应控制器的研究。同时，微电子学的迅猛而富有变革性的进展，使获得简单和廉价的自适应调节器成为了可能。

在网络控制系统中考虑引入自适应控制策略主要是基于以下原因：由于网络传输随机延时的存在，网络控制系统成为一类参数在一定范围内随机变化的系统，自适应控制方法是适应参数变化的一种有效的控制策略。

目前，比较成熟的自适应控制策略有两大类：模型参考自适应控制（model reference adaptive control，MRAC）和自校正控制（self-turning control，STC）。

模型参考自适应控制是自适应控制最主要的方法之一，也是应用最广泛的一种自适应控制技术。模型参考自适应控制原理比较简单，设计方法丰富。图 4.1 给出了典型的模型参考自适应控制的基本结构，说明了它的工作原理。虚线框内的部分是实际控制系统，由模型参考自适应控制的控制器和被控对象组成，控制器分为串联控制和反馈控制两个部分。下方的“参考模型”给出的是理想系统的模型，它的输出 $Y_{ideal}(s)$ 是实际控制系统输出 $Y_{real}(s)$ 的自适应目标。通常，

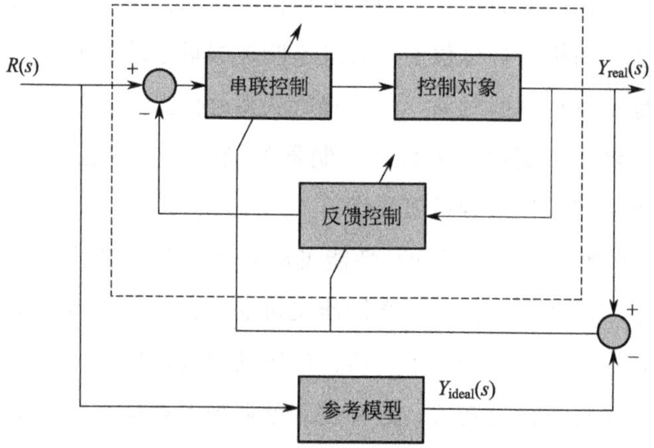

图 4.1　模型参考自适应控制系统的基本结构

参考模型是一个响应比较好的模型。当被控对象的实际输出和参考模型的理想输出产生不同时，就会产生偏差，这个偏差称为广义误差。所谓自适应就是利用广义误差按照一定的自适应规律来修正、调节控制器参数，或产生一个辅助输入信号，斜线箭头表示对控制器的调节。调节的目的是使实际系统的实际输出接近参考模型的理想输出，即，使广义误差趋向于零。因此，模型参考自适应控制有两个回路：一个是内环，它是一个普通的反馈控制回路，但控制器的参数是可调的；另一个是外环，它根据广义误差来调整内环中的控制器参数。模型参考自适应控制主要引入了两个概念：系统的性能指标是由参考模型规定的；控制器参数按广义误差进行调节。

如果对控制系统能够使用输入输出数据在线辨识出被控对象的参数或控制变量的当前值，应用参数估计值去调整控制器的参数，从而适应被控系统的不确定性，使该系统处于良好运行状态，这种系统就称为自校正控制系统。

自校正控制系统是一种把参数的在线辨识与控制器的在线设计有机结合在一起的控制系统，并在设计辨识算法和控制算法时考虑了随机干扰的影响。因此，自校正控制系统属于随机自适应控制系统。自校正控制的基本思想是将参数估计递推算法与各种不同类型的控制算法结合起来，形成一个能自动校正控制器参数的实时的计算机控制系统。但是只有适当的辨识算法和合适的控制策略的结合才能产生既便于在线实施又具有稳定性的自校正控制算法。因此如何选择控制策略和辨识算法，如何将其有机地结合起来是自校正控制的关键问题之一。同时，要求控制器有较强的在线计算能力。

自校正控制系统主要应用于结构已知但参数未知而恒定的随机控制系统，也适用于结构已知但参数缓慢变化的随机控制系统。由于网络控制系统的网络传输延时是实时快速变化的，会造成数学模型的快速变化，所以，本章放弃自校正控制策略，而采用模型参考自适应控制策略处理网络控制系统。

4.2　无刷直流电动机的数学模型

无刷直流电动机既具备交流电动机的结构简单、运行可靠和维护方便等一系列优点，又具备直流电动机的运行效率高、无励磁损耗和调速性能好等诸多优点，故在当今国民经济各个领域，如医疗器械、仪器仪表、化工、轻纺以及家用电器等方面的应用日益普及。其中，很多领域已经在无刷直流电机的调速系统中引入了通信网络，成为远程无刷直流电机调速系统，例如医疗器械在远程手术中的应用和人造卫星太阳能帆板驱动地面控制系统。所以，对于无刷直流电机网络调速系统的研究是有必要的。为了设计无刷直流电机网络反馈控制系统的控制器，本节先对无刷直流电机进行数学建模。

本节给出的无刷直流电机数学模型将作为模型参考自适应网络控制策略研究的基础。图 4.2 给出了典型网络控制系统的结构图，其中，$G_P(s)$ 为被控对象无刷直流电机；$R(s)$ 为给定输入信号；$Y(s)$ 为输出信号；$e^{-\tau s}$ 为网络传输延时环节，图中将其合并于被控对象，其中，$\tau=\tau_{ca}+\tau_{sc}$，τ_{ca} 和 τ_{sc} 分别为前向通道（控制器节点到执行器节点）的网络传输延时和反馈通道（传感器节点到控制器节点）的网络传输延时。此时，系统的开环传递函数可以表示为如下形式：

$$G(s)=G_P(s)e^{-\tau s} \tag{4.1}$$

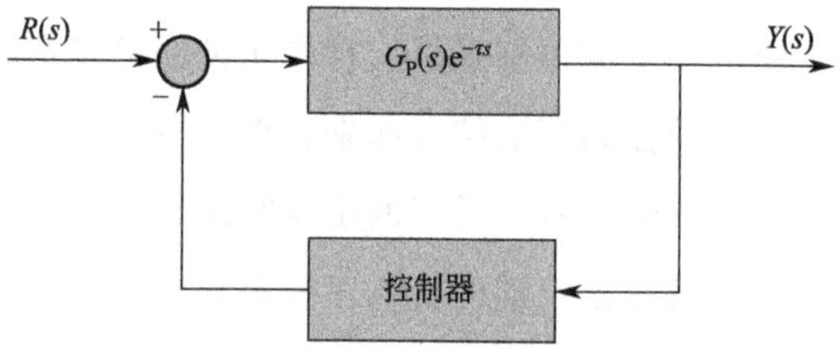

图 4.2　网络控制系统结构图

不管实际网络控制系统被控对象的结构和参数如何，由于网络传输延时环节的存在，网络控制系统的开环传递函数(4.1) 总是需要包含非线性的延时环节 $e^{-\tau s}$，非线性环节的存在为控制器的设计带来许多不便。为此，引入一阶 Pade 方法，即使用如下公式将非线性的延时环节转化为线性环节：

$$e^{-\tau s}=\frac{1-\frac{\tau}{2}s}{1+\frac{\tau}{2}s} \tag{4.2}$$

从而，网络控制系统开环传递函数中的网络传输延时环节 $e^{-\tau s}$ 被线性化为比较容易处理的惯性环节，同时，也使网络控制系统开环传递函数的系数成为网络传输延时 τ 的函数，即系统的开环传递函数可以变换为如下形式：

$$G(s)=G_{\mathrm{P}}(s)\frac{1-\frac{\tau}{2}s}{1+\frac{\tau}{2}s} \tag{4.3}$$

图 4.3 给出了无刷直流电动机调速控制系统的示意图。其中，D 表示无刷直流电机；P_1 接收的是来自霍尔元件的转子位置传感器信号；P_2 为控制信号；P_3 给定比较电压，用来限制主回路电流。

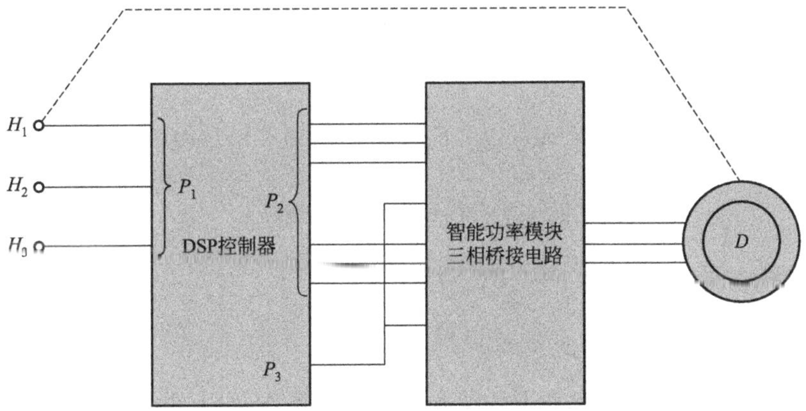

图 4.3　无刷直流电动机调速控制系统示意图

要十分精确地分析直流无刷电动机的运行特性是很困难的，它涉及非线性理论和数值解法等诸多问题，在一般的工程应用上无此必要。通常会做如下假定：①电动机的气隙磁感应强度沿气隙按正弦分布；②绕组通电产生的磁通对气隙磁通的影响忽略不计；③控制电路在开关状态下工作，功率晶体管压降为恒值；④假定电动机的各项绕组对称，对应的电路单元完全一致，相应的电气时间常数忽略不计；⑤位置传感器等控制电路的功率损耗忽略不计。在上述假定条件下，直流无刷电动机的动态特性可由下列方程组来描述：

$$
\begin{aligned}
u-\Delta u &= e_a + iR + L\frac{di}{dt} \\
T_a - T_l &= \frac{GD^2}{375}\frac{dn}{dt} \\
e_a &= K_e n \\
T_a &= K_T i
\end{aligned} \tag{4.4}
$$

式中，u 为电源电压，V；Δu 为功率管的管压降，V；e_a 为电动机的反电势，V；n 为电动机转速，r/min；T_a 为电动机的电动转矩平均值，N·m；K_e 为电动势系数；K_T 为电动机的转矩系数；L 为定子绕组自感，H；R 为电动机内阻，Ω；T_l 为电动机负载转矩，N·m；GD^2 为电动机转子飞轮力矩，N·m^2。对电动机动态过程电压平衡方程式(4.4) 进行拉普拉斯变换，可以得到其复频域表达式：

$$
\begin{aligned}
U(s)-\Delta U(s) &= E_a(s) + RI(s) + LsI(s) \\
T_a(s) - T_l(s) &= \frac{GD^2}{375} sN(s) \\
E_a(s) &= K_e N(s) \\
T_a(s) &= K_T I(s)
\end{aligned} \tag{4.5}
$$

式中，s 表示复变量。在不计功率管的管压降 $\Delta U(s)$ 的前提下，由方程式(4.5) 可得作为控制对象的如图 4.4 所示的无刷直流电动机结构框图。

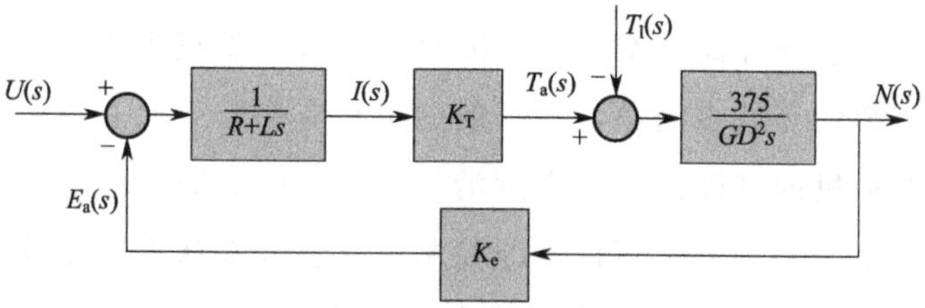

图 4.4　无刷直流电动机结构框图

由图 4.4 可得电动机反电势 $E_a(s)$ 与电源电压 $U(s)$ 之间的传递函数，如下所示：

$$\frac{E_a(s)}{U(s)}=\frac{\frac{1}{R}K_T 375K_e}{(1+T_e s)GD^2 s+\frac{1}{R}K_T 375K_e} \tag{4.6}$$

式中，$T_e=\frac{L}{R}$，为电磁时间常数，s。将 T_e 的表达式代入传递函数(4.6)，并将传递函数改写成如下所示的规范形式：

$$\frac{E_a(s)}{U(s)}=\frac{T_e}{T_m}\frac{a^2}{s^2+as+\frac{a}{T_m}} \tag{4.7}$$

式中，$a=\frac{1}{T_e}$；$T_m=\frac{RGD^2}{375K_e K_T}$，为机电时间常数，s。考虑到式(4.5) 中电动机的反电势 $E_a(s)$ 和转速 $N(s)$ 的关系，由传递函数(4.7) 可以得到如下转速 $N(s)$ 与电源电压 $U(s)$ 之间的传递函数表达式：

$$\frac{N(s)}{U(s)}=\frac{T_e}{T_m K_e}\frac{a^2}{s^2+as+\frac{a}{T_m}} \tag{4.8}$$

式(4.8) 给出的表达式即为图 4.2 中不考虑网络传输延时时无刷直流电机的开环传递函数 $G_P(s)$，采用式(4.2) 对网络传输延时环节 $e^{-\tau s}$ 进行一阶 Pade 线性化处理后，则可以得到如下式所示的考虑网络传输延时的无刷直流电机开环传递函数 $G(s)$：

$$G(s)=\frac{T_e}{T_m K_e}\frac{a^2}{s^2+as+\frac{a}{T_m}}\frac{1-\frac{\tau}{2}s}{1+\frac{\tau}{2}s}=\frac{a}{T_m K_e}\frac{1-\frac{\tau}{2}s}{\left(s^2+as+\frac{a}{T_m}\right)\left(1+\frac{\tau}{2}s\right)} \tag{4.9}$$

由离散线性控制系统理论可知，零阶保持环节的传递函数 $Gho(z)$ 可以表示为如下形式：

$$Gho(z)=\frac{1-e^{-Ts}}{s} \tag{4.10}$$

式中，T 为采样周期。考虑零阶保持环节(4.10)，对考虑网络传输延时的无刷直流电机开环传递函数(4.9) 进行 Z 变换，可以得到其离散形式表达式如下所示：

$$G(z)=Z\left[\frac{1-e^{-Ts}}{s}G(s)\right] \tag{4.11}$$

式中，$Z[\cdot]$ 表示对 $[\cdot]$ 进行 Z 变换，$1-e^{-Ts}$ 已经为 Z 变换形式。

对式(4.11) 进行离散化计算，并将适当参数代入电动机方程：定子绕组自感为$L=11.1\mathrm{mH}$；电动机内阻为$R=3.25\Omega$；电动机机电时间常数为$T_{\mathrm{m}}=0.076\mathrm{s}$；电动机电磁时间常数为$T_{\mathrm{e}}=0.0034\mathrm{s}$；电动机的转矩系数为$K_{\mathrm{T}}=2.2$；电动机的电动势系数为$K_{\mathrm{e}}=0.097$；电动机的转子飞轮力矩为$GD^2=627.2\mathrm{N}\cdot\mathrm{m}^2$。最终，可以得到如下所示的考虑网络传输延时的无刷直流电机离散开环传递函数：

$$G(z)=\frac{A_{\mathrm{p}}z^{-1}+B_{\mathrm{p}}z^{-2}+C_{\mathrm{p}}z^{-3}}{1+D_{\mathrm{p}}z^{-1}+E_{\mathrm{p}}z^{-2}+F_{\mathrm{p}}z^{-3}} \tag{4.12}$$

其中，

$$\begin{aligned}
A_{\mathrm{p}}=&-39896.59[A(\mathrm{e}^{-280.32T}+\mathrm{e}^{-13.81T}+\mathrm{e}^{-\sigma T})+B(1+\mathrm{e}^{-280.32T}+\mathrm{e}^{-\sigma T})\\
&+C(\mathrm{e}^{-13.81T}+\mathrm{e}^{-\sigma T}+1)+D(\mathrm{e}^{-13.81T}+\mathrm{e}^{-280.32T}+1)]
\end{aligned}$$

$$\begin{aligned}
B_{\mathrm{p}}=&39896.59[A(\mathrm{e}^{-280.32T-13.81T}+\mathrm{e}^{-280.32T-\sigma T}+\mathrm{e}^{-13.81T-\sigma T})+B(\mathrm{e}^{-280.32T-\sigma T}\\
&+\mathrm{e}^{-\sigma T}+\mathrm{e}^{-280.32T})+C(\mathrm{e}^{-13.81T-\sigma T}+\mathrm{e}^{-13.81T}+\mathrm{e}^{-\sigma T})+D(\mathrm{e}^{-13.81T-280.32T}\\
&+\mathrm{e}^{-13.81T}+\mathrm{e}^{-280.32T})]
\end{aligned}$$

$$\begin{aligned}
C_{\mathrm{p}}=&-39896.59[A\mathrm{e}^{-280.32T-13.81T-\sigma T}+B\mathrm{e}^{-\sigma T-280.32T}+C\mathrm{e}^{-13.81T-\sigma T}+\\
&D\mathrm{e}^{-13.81T-280.32T}]z^{-3}
\end{aligned}$$

$$D_{\mathrm{p}}=-(\mathrm{e}^{-13.81T}+\mathrm{e}^{-280.32T}+\mathrm{e}^{-\sigma T})$$

$$E_{\mathrm{p}}=\mathrm{e}^{-13.81T-280.32T}+\mathrm{e}^{-13.81T-\sigma T}+\mathrm{e}^{-280.32T-\sigma T}$$

$$F_{\mathrm{p}}=-\mathrm{e}^{-13.81T-280.32T-\sigma T}$$

其中，

$$\sigma=\frac{2}{\tau}$$

$$A=\frac{1}{13.81\times 280.32}$$

$$B=\frac{-(\sigma+13.81)}{13.81\times(13.81-280.32)(13.81-\sigma)}$$

$$C=\frac{\sigma+280.32}{280.32\times(13.81-280.32)(280.32-\sigma)}$$

$$D=\frac{-2}{(13.81-\sigma)(280.32-\sigma)}$$

至此，考虑网络传输延时的无刷直流电机离散模型建模完成，下一节将在本节建模的基础上给出模型参考自适应控制器。

4.3　离散系统 Narendra 模型参考自适应控制

4.3.1　Narendra 模型参考自适应控制器设计

模型参考自适应控制器有许多设计方法。1980 年，Narendra 等提出的模型自适应控制器设计方案就是一种比较严密的模型参考自适应控制策略，现在使用的模型参考自适应控制器设计方法大多是在此基础上发展起来的。其主要想法是通过引入辅助系统组成自适应控制器，辅助系统中可调参数的个数与被控对象中未知系数或变化系数的个数相匹配，通过调整辅助系统的可调参数来给出自适应控制信号。

本节给出如图 4.5 所示的 Narendra 模型参考自适应控制器的设计方法。其中，$\boldsymbol{G}(z)$ 为式(4.12) 所描述的被控对象的数学模型，由其组成内部环路；$\boldsymbol{G}_{\mathrm{m}}(z)$ 为参考模型的数学模型，由其组成外部环路；$\boldsymbol{G}_{\mathrm{c1}}(z)$ 和 $\boldsymbol{G}_{\mathrm{c2}}(z)$ 是 Narendra 模型参考自适应控制策略需要的辅助系统，它们也是内部环路的一部分。

假设离散被控对象的状态空间描述如下所示：

$$\boldsymbol{G}(z):\begin{cases}\boldsymbol{x}(k+1)=A\boldsymbol{x}(k)+B\boldsymbol{u}(k)\\ \boldsymbol{y}(k)=C\boldsymbol{x}(k)+D\boldsymbol{u}(k)\end{cases}\tag{4.13}$$

假设参考模型的状态空间描述如下所示：

$$\boldsymbol{G}_{\mathrm{m}}(z):\begin{cases}\boldsymbol{x}_{\mathrm{m}}(k+1)=A_{\mathrm{m}}\boldsymbol{x}_{\mathrm{m}}(k)+B_{\mathrm{m}}\boldsymbol{u}_{\mathrm{m}}(k)\\ \boldsymbol{y}_{\mathrm{m}}(k)=C_{\mathrm{m}}\boldsymbol{x}_{\mathrm{m}}(k)+D_{\mathrm{m}}\boldsymbol{u}_{\mathrm{m}}(k)\end{cases}\tag{4.14}$$

假设参考模型 $\boldsymbol{G}_{\mathrm{m}}(z)$ 是严格正实的，即其零点和极点都在单位圆内。辅助系统的状态空间描述分别如下所示：

$$\begin{aligned}&\boldsymbol{G}_{\mathrm{c1}}(z):\boldsymbol{x}_{\mathrm{c1}}(k+1)=A_{\mathrm{c1}}\boldsymbol{x}_{\mathrm{c1}}(k)+B_{\mathrm{c1}}\boldsymbol{u}_{\mathrm{c1}}(k)\\&\boldsymbol{G}_{\mathrm{c2}}(z):\boldsymbol{x}_{\mathrm{c2}}(k+1)=A_{\mathrm{c2}}\boldsymbol{x}_{\mathrm{c2}}(k)+B_{\mathrm{c2}}\boldsymbol{u}_{\mathrm{c2}}(k)\end{aligned}\tag{4.15}$$

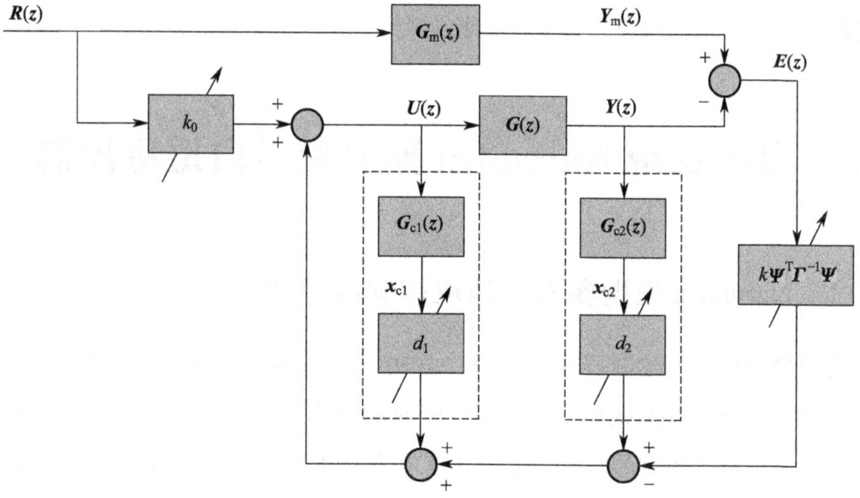

图 4.5　离散系统 Narendra 模型参考自适应控制方案

其中，辅助系统 $\boldsymbol{G}_{c1}(z)$ 的输入信号为被控对象的控制信号，即 $\boldsymbol{u}_{c1}(k)=\boldsymbol{u}(k)$；而辅助系统 $\boldsymbol{G}_{c2}(z)$ 的输入信号为被控对象的输出值，即 $\boldsymbol{u}_{c2}(k)=\boldsymbol{y}(k)$。为了方便，需要使辅助系统的系数具有某种特殊的形式，一般令 $A_{c1}=A_{c2}$，$B_{c1}=B_{c2}$。

Narendra 模型参考自适应控制的自适应控制信号由四部分组成，即系统的给定信号 $\boldsymbol{r}$、辅助系统的输出信号 $\boldsymbol{x}_{c1}$ 和 $\boldsymbol{x}_{c2}$ 以及由实际输出和参考模型输出之差 $\boldsymbol{e}$ 决定的控制信号，它的表达式如下所示：

$$\begin{aligned}\boldsymbol{u}(k)&=k_0(k)\boldsymbol{r}(k)+d_1(k)\boldsymbol{x}_{c1}(k)+d_2(k)\boldsymbol{x}_{c2}(k)-k_1(k)\boldsymbol{\psi}^{\mathrm{T}}(k)\boldsymbol{\Gamma}^{-1}\boldsymbol{\psi}(k)\boldsymbol{e}(k)\\&=k_0\boldsymbol{r}(k)+d_1\boldsymbol{x}_{c1}(k)+d_2\boldsymbol{x}_{c2}(k)+\hat{\boldsymbol{\theta}}^{\mathrm{T}}(k)\boldsymbol{\psi}(k)-k_1(k)\boldsymbol{\psi}^{\mathrm{T}}(k)\boldsymbol{\Gamma}^{-1}\boldsymbol{\psi}(k)\boldsymbol{e}(k)\end{aligned} \tag{4.16}$$

其中，$k_0(k)=k_0+\hat{k}_0(k)$，$d_1(k)=d_1+\hat{d}_1(k)$，$d_2(k)=d_2+\hat{d}_2(k)$，k_0、d_1 和 d_2 是使模型得到精确匹配的参数值，并简记 $\hat{\boldsymbol{\theta}}^{\mathrm{T}}(k)=[\hat{k}_0(k)\quad \hat{d}_1(k)\quad \hat{d}_2(k)]$和 $\boldsymbol{\psi}^{\mathrm{T}}(k)=\left[\boldsymbol{r}^{\mathrm{T}}(k)\quad \boldsymbol{x}_{c1}^{\mathrm{T}}(k)\quad \boldsymbol{x}_{c2}^{\mathrm{T}}(k)\right]$，$\boldsymbol{\Gamma}$ 为任意取的适当维数的正定矩阵，误差 $\boldsymbol{e}(k)=\boldsymbol{y}_{m}(k)-\boldsymbol{y}(k)$，$\boldsymbol{r}(k)$ 为给定的参考信号。

Narendra 模型参考自适应控制的目的是，在已知参考模型 $\boldsymbol{G}_{m}(z)$ 的输入 $\boldsymbol{r}$

（$\boldsymbol{r}$ 为分段连续且一致有界）和输出 $\boldsymbol{y}_{\mathrm{m}}$ 的情况下，设计被控对象的控制信号 $\boldsymbol{u}$，使得被控对象的输出 $\boldsymbol{y}$ 跟踪参考模型的输出 $\boldsymbol{y}_{\mathrm{m}}$。即有下式成立：

$$\lim_{t\to\infty}\boldsymbol{e}(t)=\lim_{t\to\infty}(\boldsymbol{y}-\boldsymbol{y}_{\mathrm{m}})=0 \tag{4.17}$$

由于被控对象在多数情况下仅有输入输出可以测量，分别采用输入滤波器 $\boldsymbol{G}_{\mathrm{c1}}$ 和输出滤波器 $\boldsymbol{G}_{\mathrm{c2}}$ 作为辅助系统。

通过构建合适的 Lyapunov 函数，并考虑 Lyapunov 第二定理，可以得到自适应律

$$\hat{\boldsymbol{\theta}}(k+1)=\hat{\boldsymbol{\theta}}(k)-\boldsymbol{\Gamma}^{-1}\boldsymbol{\psi}(k)\boldsymbol{e}(k) \tag{4.18}$$

这就是 Narendra 模型参考自适应控制的控制策略。

4.3.2　数值仿真

同样，应用 Matlab 仿真软件对系统进行仿真，以验证算法的可行性和优越性。构建辅助系统(4.15)，利用控制器(4.16) 和自适应律(4.18) 对无刷直流电机网络调速控制系统进行控制，采样周期选择 $T=0.03\mathrm{s}$，参考模型的离散传递函数为如下形式：

$$\boldsymbol{G}_{\mathrm{m}}(\boldsymbol{z})=\frac{\boldsymbol{z}^{-1}-0.5\boldsymbol{z}^{-2}+0.1\boldsymbol{z}^{-3}}{1-0.5\boldsymbol{z}^{-1}-0.1\boldsymbol{z}^{-2}+0.1\boldsymbol{z}^{-3}} \tag{4.19}$$

仿真流程如下：

① 选择参考模型，构造辅助系统，并赋初值。

② 设置初值 $\hat{\boldsymbol{\theta}}(0)$，选择自适应增益矩阵 $\boldsymbol{\Gamma}$，并设定输入参考信号 $\boldsymbol{r}(k)$。

③ 利用式(4.15) 更新辅助系统状态 $\boldsymbol{x}_{\mathrm{c1}}(k)$ 和 $\boldsymbol{x}_{\mathrm{c2}}(k)$，利用式(4.16) 更新控制信号 $\boldsymbol{u}(k)$，计算输出误差 $\boldsymbol{e}(k)$，并利用式(4.18) 更新可调参数 $\hat{\boldsymbol{\theta}}(k)$。

④ 反复执行步骤③，直至控制过程结束。

图 4.6 给出了理想参考模型式(4.19) 的方波跟踪曲线，作为被控对象响应曲线的逼近目标。图 4.7 给出了 Narendra 模型参考自适应控制在网络传输延时缓慢变化时的仿真结果，仿真中相邻采样周期的网络传输延时变化小于 0.1ms。由图可知，Narendra 模型参考自适应控制在网络传输延时缓慢变化的情况下，虽然被控对象的实际响应曲线与参考模型的响应曲线相比，过渡过程时间明显变长，超调量明显变大，但最终还是可以充分逼近参考模型的响应曲线，取得比较

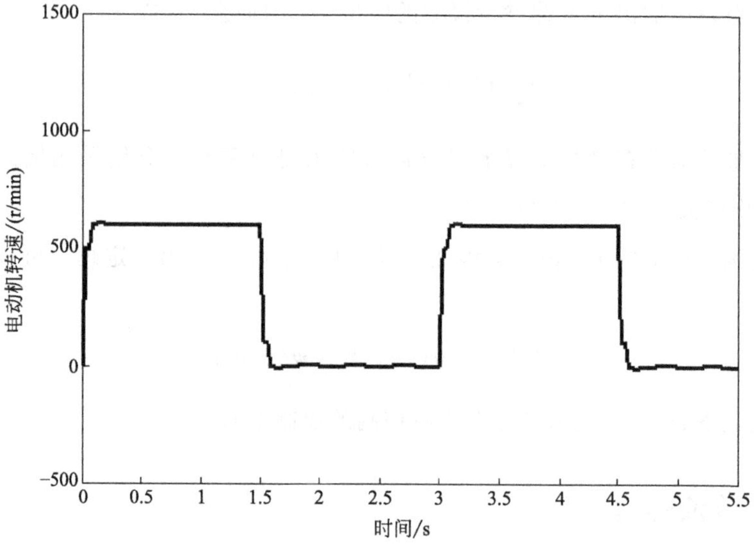

图 4.6　参考模型方波跟踪曲线

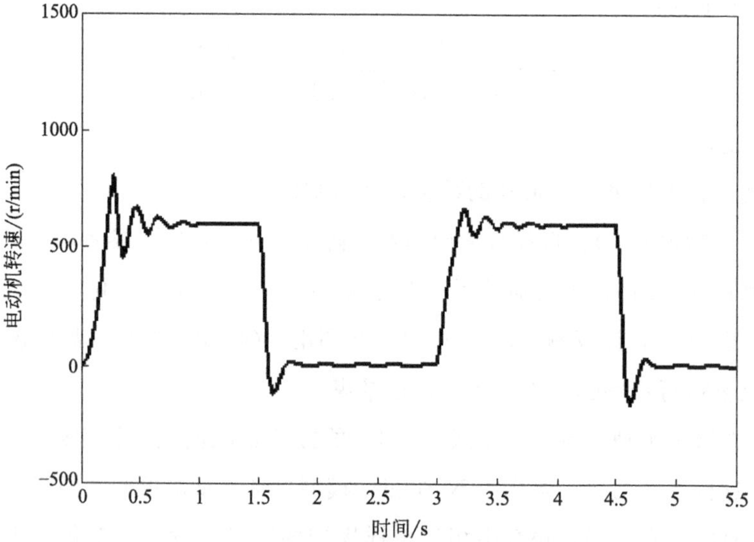

图 4.7　网络传输延时缓慢变化时的自适应控制方波跟踪曲线

理想的控制效果。

图 4.8 给出了 Narendra 模型参考自适应控制在网络传输延时剧烈变化时的仿真结果，仿真中相邻采样周期的网络传输延时变化不受限制，采用实测的非控制专用局域网网络传输延时值。由图可见，由于实测非专用网络传输延时变化比较剧烈，使被控对象的传递函数也剧烈变化，对自适应控制中被控对象逼近参考模型的效果产生了较大的影响，系统总是处于振荡调整之中，难以得到令人满意的动态效果和静态效果。网络传输延时造成的模型大幅度变化使超调剧烈，甚至达到设定值的 2 倍，响应速度自然变慢。同时，模型大幅度变化也影响到了跟踪效果，使系统总是在给定值附近振荡，无法实现有效趋近。

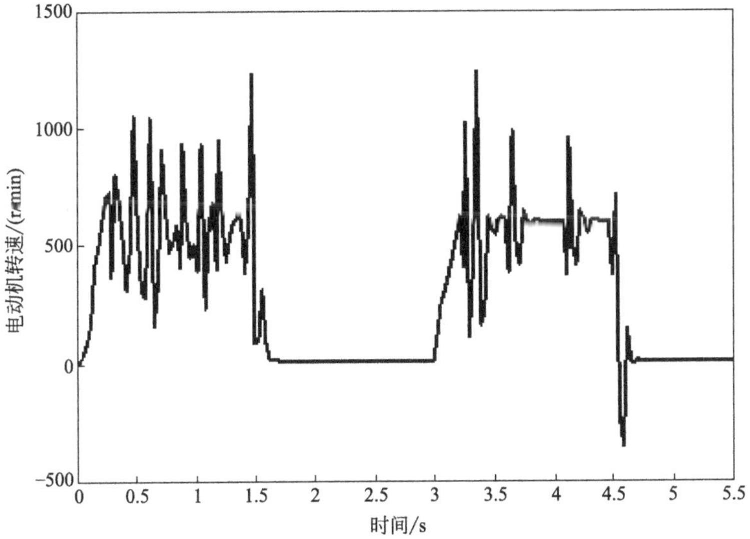

图 4.8　网络传输延时剧烈变化时的自适应控制方波跟踪曲线

由仿真结果可以得到如下结论：将 Narendra 模型参考自适应控制策略应用于无刷直流电动机闭环网络调速系统时，只有在网络传输延时缓慢变化的情况下才能取得令人满意的控制效果，而当网络传输延时剧烈变化时，则无法得到令人满意的控制效果。具体网络传输延时剧烈与否的界定，需要根据控制对象的模型实验确定。

4.4 基于网络传输延时预测的模型参考自适应控制

4.4.1 对象模型已知的模型参考自适应控制器设计

上一节，我们实现了基于 Narendra 模型参考自适应控制策略的无刷直流电机网络控制系统控制器，进行了仿真，得出了适用条件。针对上一节中，由于网络传输延时的快速、随机变化，网络控制系统应用 Narendra 模型参考自适应控制的响应曲线不能很好地逼近参考模型响应特性的情况，本节引入网络传输延时实时在线预测算法，在每一个采样周期内，获得无刷直流电机网络控制系统的确定性离散数学模型，从而，利用对象模型已知的模型参考自适应控制器设计方案设计控制器。

无刷直流电机网络控制系统的离散数学模型(4.12) 中的系数 $A_p \sim F_p$ 是采样周期 T 和当前采样周期网络传输延时 $\tau(k)$ 的函数，采样周期确定后，采用 2.2 节给出的带有时间戳的线性神经网络预测方法，对网络传输延时 $\tau(k)$ 进行在线预测，并用其预测值 $\hat{\tau}(k)$ 来代替实际网络传输延时值 $\tau(k)$，于是，在每一个采样周期内，系数 $A_p \sim F_p$ 都是定常的，即在每一个采样周期内，无刷直流电机网络控制系统的离散数学模型(4.12) 都是定常的了。

图 4.9 是基于网络传输延时在线预测的模型参考自适应控制系统框图。图中的 $\boldsymbol{G}_{\mathrm{m}}(z)$ 为理想的参考模型，可调环节 $\boldsymbol{Tm}$、$\boldsymbol{Sm}$、$\boldsymbol{Rm}$ 和被控对象 $\boldsymbol{G}(z)$ 一起组成可调系统 $\boldsymbol{G}_T(z)$。首先，采用一阶 Pade 方法线性化处理网络传输延时环节 $\mathrm{e}^{-\tau s}$，获得被控对象的传递函数 $\boldsymbol{G}(z)$；其次，采用带有时间戳的线性神经网络环节对当前采样周期的网络传输延时 $\tau(k)$ 进行实时预测，并将预测值 $\hat{\tau}(k)$ 代入到线性化后的被控对象传递函数 $\boldsymbol{G}(z)$ 中，当获得网络传输延时预测值 $\hat{\tau}(k)$ 后，被控对象模型 $\boldsymbol{G}(z)$ 是已知的，这样，自适应控制问题就转化为模型匹配问题了；最后，通过调节可调环节 $\boldsymbol{Tm}$、$\boldsymbol{Sm}$ 和 $\boldsymbol{Rm}$，能使可调系统的传递函数 $\boldsymbol{G}_T(z)$ 匹配给定的理想参考模型的传递函数 $\boldsymbol{G}_m(z)$。

本节给出如图 4.9 所示的对象模型已知的模型参考自适应控制策略。

为了方便处理，将被控对象的离散线性开环传递函数 (4.12) 整理成如下形式：

$$\boldsymbol{G}(z)=z^{-1}\frac{\boldsymbol{B}^0(z)}{\boldsymbol{A}^0(z)} \tag{4.20}$$

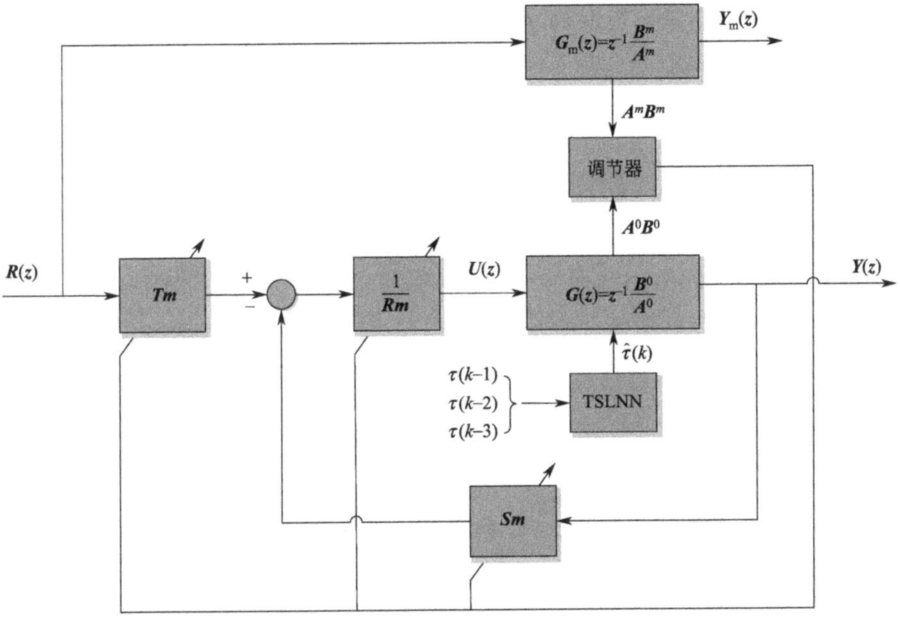

图 4.9　基于网络传输延时在线预测的模型参考自适应控制系统框图

引入在线网络传输延时预测算法后，式(4.20) 的分子和分母就都是定常的了，因为，可预测的网络传输延时可以看成是已知的，每个采样周期将进行一次计算，以获得网络传输延时的预测值。模型参考自适应控制信号的形式如下式所示：

$$U(z)=\frac{Tm}{Rm}R(z)-\frac{Sm}{Rm}Y(z) \tag{4.21}$$

其中，$R(z)$是输入的参考信号。参考模型的输出如下式所示：

$$G_m(z)=z^{-1}\frac{B^m(z)}{A^m(z)} \tag{4.22}$$

若想使被控对象（4.20）的输出与参考模型（4.22）的输出完全一致或者近似一致，则自适应控制器的设计问题就可归结为如下问题：采用已知多项式 A^0、B^0、A^m 和 B^m，来计算多项式 Rm、Sm 和 Tm，并使得下式成立

$$y(z)=y_m(z) \tag{4.23}$$

可通过求解如下的多项式方程组，来求得可调环节 Rm、Sm 和 Tm 的值：

$$\begin{aligned} A^0F^0+z^{-1}Sm&=A^m \\ Rm&=B^0F^0 \\ Tm&=B^m \end{aligned} \tag{4.24}$$

其中，F^0 是辅助的首一多项式。最终，当可调环节 Rm、Sm 和 Tm 已知时，就

可以得到能使被控对象响应曲线跟踪参考模型响应曲线的控制信号 $\boldsymbol{U}(z)$。

4.4.2 数值仿真

数值仿真中，电机的参数与参考模型的选择与 4.3.2 节相同。

仿真流程如下：

① 使用带有时间戳的线性神经网络对当前采样周期网络传输延时值 $\tau(k)$ 进行在线预测，得到网络传输延时预测值 $\hat{\tau}(k)$，实现实时在线预测。

② 采用步骤①的网络传输延时预测值 $\hat{\tau}(k)$，对无刷直流电机调速网络控制系统进行建模，获得式（4.12）所示的线性常系数数学模型，实现实时在线更新系统模型。

③ 求解多项式方程组（4.24），获得可调环节 $\boldsymbol{Rm}$、$\boldsymbol{Sm}$ 和 $\boldsymbol{Tm}$ 的当前值，采用式（4.21），计算控制信号 $\boldsymbol{U}(z)$，实现实时在线更新控制信号。

④ 在每一个采样周期重复执行步骤①、步骤②和步骤③，实现实时控制，直到控制过程结束为止。

由于选择了与 4.3.2 节相同的电机参数和理想参考模型，图 4.6 也是本节模型参考控制策略的参考模型的方波跟踪曲线，作为被控对象响应曲线的逼近目标。图 4.10 给出当网络传输延时剧烈变化时，基于网络传输延时在线预测的模型参考自适应策略的方波跟踪曲线，仿真中相邻采样周期的网络传输延时变化不受限制，采用实测的局域网网络传输延时值。由仿真结果图可知，系统超调调整和过渡过程时间非常接近图 4.6 给出的参考模型方波跟踪曲线的超调调整和过渡过程时间。所以，采用网络传输延时在线预测的模型参考自适应策略，对于电动机调速网络控制系统是完全可行的，其稳态响应能够有效地逼近给定的理想参考模型系统的稳态响应，动态性能虽然与理想模型参考系统有一定的误差，但是也能保证围绕理想参考模型系统的动态响应曲线小范围波动，其波动的原因是在线估计的网络传输延时与实际网络传输延时之间存在一定的误差。从仿真结果看，在线预测的网络传输延时与实际网络传输延时的误差造成的动态性能波动是可以接受的。

图 4.11 和图 4.12 给出了网络传输延时预测误差对基于网络传输延时在线预测的模型参考自适应控制系统响应特性的影响。将图 4.10 仿真时采用的网络传输延时预测误差人为地放大至 1.5 倍后，获得的系统响应特性如图 4.11 所示；将图 4.10 仿真时采用的网络传输延时预测误差人为地缩小 50%后，获得的系统

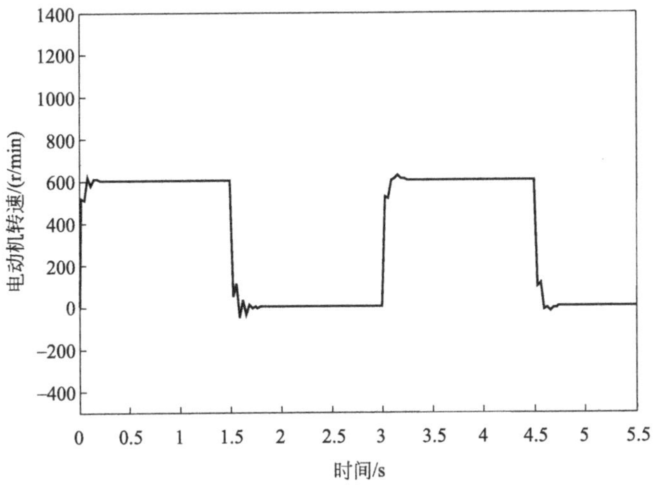

图 4.10　基于网络传输延时在线预测的模型参考自适应策略方波跟踪曲线

响应特性如图 4.12 所示。由图 4.11 和图 4.12 可知，两种情况都有良好的稳态性能，但是，网络传输延时预测误差较大时，系统动态性能变差，可以观测到更加明显的振动，过渡过程时间也变得更长；而网络传输延时预测误差较小时，系统的动态性能就更接近理想参考模型的动态性能。可见，基于网络传输延时在线预测的模型参考自适应控制系统中，网络传输延时预测的精度对于控制系统的性能有较大的影响。从仿真结果看，基于线性神经网络的网络传输延时预测的预测精度是可以满足要求的。

本章深入研究了无刷直流电动机网络控制调速系统的两类模型参考自适应控制策略，即，Narendra 模型参考自适应控制策略和基于网络传输延时预测的模型参考自适应控制策略。

Narendra 模型参考自适应控制策略的基本原理是：当被控对象参数变化时，依靠参考模型输出和被控对象输出之差值，来调节自适应机构的参数，补偿被控对象的参数变化，这种模型参考自适应控制策略的主要优点是：不需要对被控对象的参数变化进行检测，也不需要知道被控对象的参数如何变化，当被控对象参数变化，使被控对象输出值偏离期望的参考模型输出值时，可通过调节自适应机构参数，使被控对象输出值逼近参考模型输出值，即逼近期望的输出值。这种模型参考自适应系统的主要缺点是：首先，收敛比较慢，即被控对象输出值逼近参考模型的响应过程比较慢；其次，精度比较差，这种控制策略是按误差调节的，有误差时才能调节，故对于参数不断变化的系统，误差不能得到完全补偿，总是

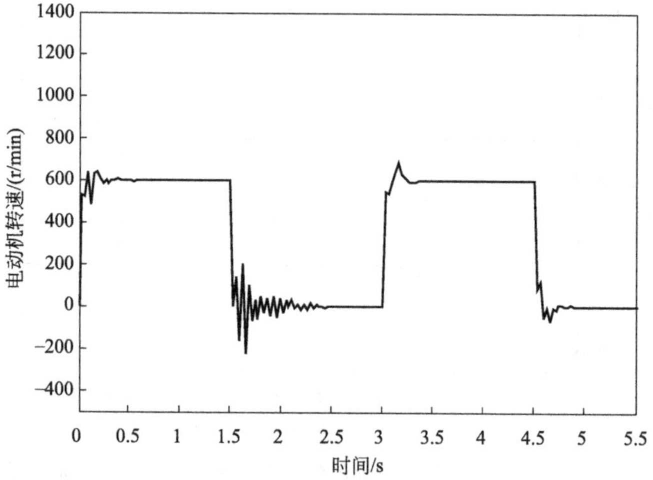

图 4.11 网络传输延时预测误差较大时的模型参考自适应策略方波跟踪曲线

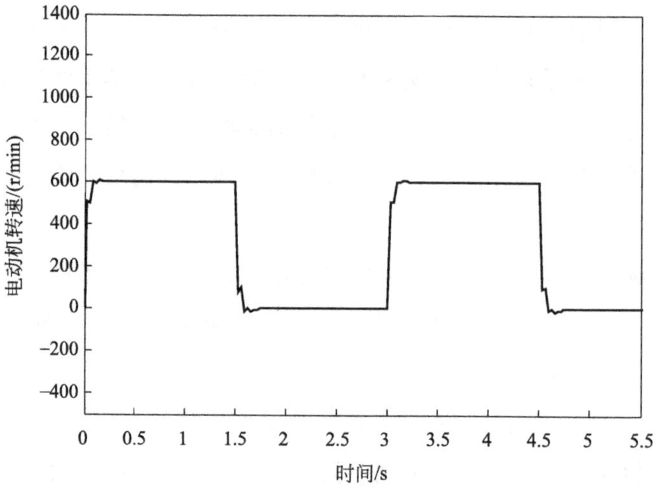

图 4.12 网络传输延时预测误差较小时的模型参考自适应策略方波跟踪曲线

存在的。

基于网络传输延时预测的模型参考自适应控制策略的基本原理是：首先，对被控对象的参数变化（即本书中的网络传输延时值）进行预测或检测；然后，通过对已知的被控对象和参考模型的参数，以及自适应机构的可调参数组成的方程式组进行求解，获得自适应机构的可调参数，从而得到使被控对象能精确地跟踪参考模型的控制信号。这种自适应控制策略的主要优点是：只要能对被控对象的参数变化进行精确测量，就可使被控对象精确地跟踪参考模型，即这种系统具有较高的精度；此外，这种系统具有较快的跟踪响应，即系统能快速收敛。这种控制策略的主要缺点是：需要对被控对象的参数变化进行实时预测或检测，比较麻烦；此外，这种系统的跟踪精度取决于对参数变化的测量精度，若测量误差较大，则跟踪误差也会较大。

4.5　小结

本章探讨了无刷直流电动机网络调速系统的自适应控制策略。首先，对无刷直流电动机网络控制调速系统进行了建模，给出了无刷直流电动机网络控制调速系统模型，采用一阶 Pade 方法，对模型的非线性网络传输延时环节进行了线性化处理，获得相应的电动机调速网络控制系统的近似线性数学模型。然后，采用 Narendra 模型参考自适应控制策略，设计了控制器，并给出了仿真结果。最后，引入带有时间戳的线性神经网络在线预测算法，对网络传输延时进行实时预测，并采用基于网络传输延时预测的模型参考自适应控制策略，对网络传输延时的随机变化进行自适应调节。仿真结果表明，无刷直流电机调速网络控制系统与给定的理想参考模型系统能够充分接近，从而获得与理想参考模型系统近似的性能曲线。

本章对两种不同工作原理的模型参考自适应控制策略进行了详细的分析与比较，给出了两种自适应控制策略的工作原理、各自的优缺点，并给出了相应的仿真结果，具有较好的应用参考价值。

第5章 基于动态规划的网络控制系统最优状态反馈控制策略

5.1 动态规划最优状态反馈控制策略的基本概念

动态规划（dynamic programming，DP）是美国应用数学家贝尔曼（R. E. Bellman，1920—1984）于1957年提出的，它与极大值原理一样被称为现代变分法，是处理控制变量存在有界闭集约束时，确定最优控制解的有效数学方法。从本质上讲，动态规划是一种非线性规划，其核心是贝尔曼的最优原理。这个最优原理可以归结为一个基本递推公式，求解多级决策问题时，要从终端开始，到始端为止，逆向递推，从而使决策过程连续地转移，可以将一个多级决策过程转化为一系列单级决策过程，使求解简化。动态规划的离散形式在解决线性离散系统二次型性能指标最优控制问题时特别有效。

动态规划的关键在于正确写出基本的递推关系式和适当的边界条件，称为基本方程。要做到这一点，必须先将问题的过程分为一系列相互联系、相互影响的阶段，恰当地选取状态变量和决策变量，并定义最优函数，从而把一个大问题转化成一系列同类型的子问题，然后逐个求解。即，从边界条件开始逐段递推寻优，在每一个子问题的求解中均利用了它前面的子问题的最优化结果，依次进行，最后一个子问题的最优解即为整个问题的最优解。在多级决策过程中，动态规划方法是既把当前阶段和未来各阶段分开，又把当前效益和未来效益结合起来考虑的一种优化方法。因此，每段决策的选取是从全局来考虑的，在求整个问题的最优策略时，由于初始状态是已知的，而每段的决策都是该段状态的函数，故最优策略所经过的各段状态便可以逐次变换得到，从而确定了最优路线。

对于如下离散系统：

$$\begin{cases}\boldsymbol{x}(k+1)=g[\boldsymbol{x}(k),\boldsymbol{u}(k),k] \\ \boldsymbol{y}(k)=f[\boldsymbol{x}(k),\boldsymbol{u}(k),k]\end{cases} \tag{5.1}$$

最优控制问题的目标函数提法如下所示：

$$\min_{\boldsymbol{u}(j)} \boldsymbol{J}=\boldsymbol{\theta}[\boldsymbol{x}(N),N]+\sum_{j=k}^{N-1}\boldsymbol{\phi}[\boldsymbol{x}(j),\boldsymbol{u}(j),j] \tag{5.2}$$

式(5.2) 所表示的目标函数称为加性可分函数，其特点为：本时间段的子目标函数 $\boldsymbol{\phi}(j)$，只取决于本时间段的时间变量 j 、本时间段的控制决策 $\boldsymbol{u}(j)$和本时间段的状态 $\boldsymbol{x}(j)$，即所谓“可分”；而总的目标函数为各时间段目标函数之和，即所谓“加性”。对自动控制系统来说，各时间段的暂态偏差的总和就是总的偏差，各时间段消耗能量的总和就是总的能量消耗。

图 5.1 给出了目标函数加性可分的示意图，表明了各个时间段的分目标函数与各个时间段的状态和控制量之间的关系。根据初始状态 $\boldsymbol{x}(0)$做出决策 $\boldsymbol{u}$ (0)，时间段 $j=0$ 的分目标函数为 $\boldsymbol{\phi}$ (0)；做出决策 $\boldsymbol{u}(0)$ 后，根据初始状态值 $\boldsymbol{x}(0)$，可得到时间段 $j=1$ 的状态值 $\boldsymbol{x}(1)$。重复以上决策与状态计算过程，直到时间段 $j=N$，得到状态值 $\boldsymbol{x}(N)$。由于 $\boldsymbol{x}(N)$ 是终止状态，不需要再做决策，决策过程停止。这种对有动态行为的系统做出决策序列$\{\boldsymbol{u}(k)\}$的过程称为多段决策过程，动态规划正是用来求解多段决策过程极为有效的工具。

动态规划方法基于以下两个合理的假设。①无后效性假设：系统处于任一状态时，现在和将来的决策不影响过去的状态、决策和目标，系统的行为不会被过去的决策影响，即目标函数具有马尔可夫性质。②不论是直接量测还是重构，获得状态 $\boldsymbol{x}(k)$后，可以立刻做出决策 $\boldsymbol{u}(k)$。

离散动态规划的特点可以归纳为：①计算结构丰富，不仅获得了 N 级决策过程的最优控制和最优曲线，还获得了第 $N-1$ 级至第 1 级的一族最优控制和最优曲线；②不像极小值原理那样需求解两点边值问题，计算中只用到初始状态；③要求计算机存储容量大，运算速度高，这是由于动态规划采用分级递推方式解决问题，需要逐级存储控制函数、状态转移特性和最优指

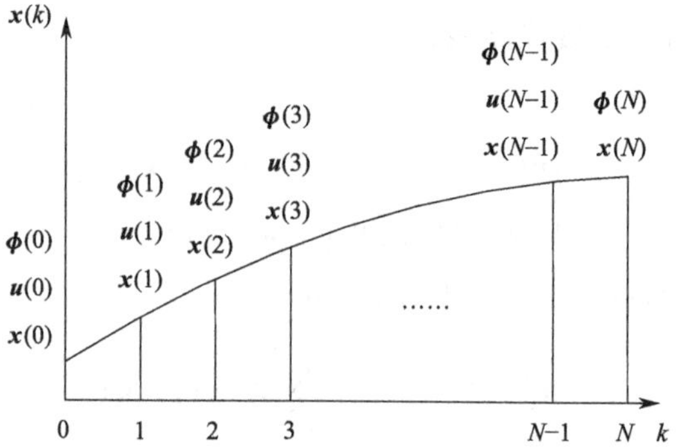

图 5.1　目标函数加性可分示意图

标函数，以进行最小化计算，当状态变量数目较大时，对计算机性能的依赖将更加严重；④动态规划是一种逆向计算法，由终端状态开始处理，直至始端状态结束；⑤函数方程所做的最小化运算，只是指标函数存在极值的必要条件。

为了给出在动态规划方法中有重要意义的贝尔曼方程，定义如下简写记号：

$$\boldsymbol{I}[\boldsymbol{x}(k)]=\min_{\boldsymbol{u}(k),\boldsymbol{u}(k+1),\cdots,\boldsymbol{u}(N-1)}\left\{\boldsymbol{\theta}[\boldsymbol{x}(N)]+\sum_{j=k}^{N-1}\boldsymbol{\phi}[\boldsymbol{x}(j),\boldsymbol{u}(j)]\right\} \tag{5.3}$$

式(5.3)表示，从时间段 $j=k$ 起，到终止时间段 $j=N$ 止，通过选定适当的控制量$\{\boldsymbol{u}(k),\ \boldsymbol{u}(k+1),\ \cdots,\ \boldsymbol{u}(N-1)\}$，以控制相应的状态$\{\boldsymbol{x}(k+1),\boldsymbol{x}(k+2),\cdots,\boldsymbol{x}(N)\}$，最终，使该过程的目标函数最小。由式(5.3)容易导出如下贝尔曼方程：

$$\boldsymbol{I}[\boldsymbol{x}(k)]=\min_{\boldsymbol{u}(k)}\{\boldsymbol{\phi}[\boldsymbol{x}(k),\boldsymbol{u}(k)]+\boldsymbol{I}[\boldsymbol{x}(k+1)]\} \tag{5.4}$$

贝尔曼方程表明了泛函的嵌套式结构，它说明：从时刻 $j=k$ 开始到末端时刻 $j=N$ 为止，为了使目标值的总和为最小，应使从时刻 $j=k+1$ 开始到末端时刻 $j=N$ 为止，目标值的总和最小。即贝尔曼方程表达了最优化原理，不论现在的状态和过去的决策如何，随后的决策对于现在的状态必定构成最优决策。

适用动态规划的问题必须满足如下条件。

① 最优化原理（最优子结构性质）。一个最优化策略具有这样的性质：不论过去状态和决策如何，对前面的决策所形成的状态而言，余下的诸决策必须构成

最优策略。简而言之，一个最优化策略的子策略总是最优的。一个问题满足最优化原理又称其具有最优子结构性质。

② 无后效性。将各阶段按照一定的次序排列好之后，对于某个给定的阶段状态，以前各阶段的状态无法直接影响它未来的决策，而只能通过当前的这个状态。换句话说，每个状态都是过去历史的一个完整总结。这就是无后向性，又称为无后效性。

③ 子问题的重叠性。动态规划算法的关键在于解决冗余，这是动态规划算法的根本目的。动态规划实质上是一种以空间换时间的技术，它在实现的过程中，不得不存储产生过程中的各种状态，所以它的空间复杂度要大于其他的算法。选择动态规划算法是因为动态规划算法在空间上可以承受，而搜索算法在时间上却无法承受，所以舍空间而取时间。

本章使用动态规划最优化方法解决网络控制系统的控制器设计问题，主要针对小延时网络控制系统，即从传感器节点到控制器节点的网络传输延时总是小于采样周期 h ，其数学描述如下式所示：

$$\tau(k)=\tau_{\mathrm{sc}}(k)+\tau_{\mathrm{ca}}(k)<h \tag{5.5}$$

考虑如下状态空间式描述的被控对象：

$$\begin{aligned}\dot{\boldsymbol{x}}(t)&=\boldsymbol{A}\boldsymbol{x}(t)+\boldsymbol{B}\boldsymbol{u}(t)\\ \boldsymbol{y}(t)&=\boldsymbol{C}\boldsymbol{x}(t)\end{aligned} \tag{5.6}$$

式中，$\boldsymbol{x}(t)\in\boldsymbol{R}^n$ 为系统的状态向量，$\boldsymbol{u}(t)\in\boldsymbol{R}^m$ 为系统的控制输入向量，$\boldsymbol{y}(t)\in\boldsymbol{R}^q$ 为系统的输出向量，常数矩阵 $\boldsymbol{A}\in\boldsymbol{R}^{n\times n}$ 为系统矩阵，常数矩阵 $\boldsymbol{B}\in\boldsymbol{R}^{n\times m}$ 为输入矩阵，常数矩阵 $\boldsymbol{C}\in\boldsymbol{R}^{q\times n}$ 为输出矩阵。在小延时条件下，对应的网络控制系统离散状态方程可以由以下离散状态空间方程描述：

$$\begin{aligned}\boldsymbol{x}(k+1)&=\boldsymbol{\Phi}\boldsymbol{x}(k)+\boldsymbol{\Gamma}(\tau(k))\boldsymbol{u}(k)+\boldsymbol{\Psi}(\tau(k))\boldsymbol{u}(k-1)\\ \boldsymbol{y}(k)&=\boldsymbol{C}\boldsymbol{x}(k)\end{aligned} \tag{5.7}$$

其中，

$$\boldsymbol{\Phi}=\mathrm{e}^{\boldsymbol{A}h}$$

$$\boldsymbol{\Gamma}(\tau(k))=\left(\int_0^{h-\tau(k)} e^{\boldsymbol{A}s}\,ds\right)\boldsymbol{B}$$

$$\boldsymbol{\Psi}(\tau(k))=\left(\int_{h-\tau(k)}^{h} e^{\boldsymbol{A}s}\,ds\right)\boldsymbol{B} \tag{5.8}$$

显然，式(5.7) 的系数矩阵 $\boldsymbol{\Gamma}(\tau(k))$ 与 $\boldsymbol{\Psi}(\tau(k))$ 都是网络传输延时 $\tau(k)$ 的函数，由于网络传输延时 $\tau(k)$ 的不确定性与时变性，系数矩阵 $\boldsymbol{\Gamma}(\tau(k))$ 与 $\boldsymbol{\Psi}(\tau(k))$ 也都是不确定的和时变的。本章的动态规划最优控制器就是基于数学模型(5.7) 和(5.8) 设计的。

5.2 动态规划最优化方法在网络控制系统中的应用

5.2.1 网络控制系统状态反馈控制器的设计

本节将给出基于动态规划最优化技术的离散网络控制系统状态反馈控制器的设计方法。

对于状态空间 (5.7) 所描述的离散控制对象，给定如下所示的目标函数：

$$\boldsymbol{J}(k)=\min_{\boldsymbol{u}(k),\boldsymbol{u}(k+1),\cdots,\boldsymbol{u}(N-1)}\left\{\sum_{j=k}^{N-1}\begin{bmatrix}\boldsymbol{x}(j)\\ \boldsymbol{u}(j)\end{bmatrix}^{\mathrm{T}}\begin{bmatrix}\boldsymbol{Q}(j) & 0\\ 0 & \boldsymbol{R}(j)\end{bmatrix}\begin{bmatrix}\boldsymbol{x}(j)\\ \boldsymbol{u}(j)\end{bmatrix}+\boldsymbol{x}^{\mathrm{T}}(N)\boldsymbol{S}\boldsymbol{x}(N)\right\} \tag{5.9}$$

式中，$\boldsymbol{Q}(j)$ 和 $\boldsymbol{S}$ 是适当维数的对称半正定矩阵，$\boldsymbol{R}(j)$ 是适当维数的对称正定矩阵。将目标函数 (5.9) 代入贝尔曼方程式 (5.4)，可以得到目标函数更进一步的表达式：

$$\boldsymbol{J}(k)=\min_{\boldsymbol{u}(k)}\left\{\boldsymbol{J}(k+1)+\begin{bmatrix}\boldsymbol{x}(k)\\ \boldsymbol{u}(k)\end{bmatrix}^{\mathrm{T}}\begin{bmatrix}\boldsymbol{Q}(k) & 0\\ 0 & \boldsymbol{R}(k)\end{bmatrix}\begin{bmatrix}\boldsymbol{x}(k)\\ \boldsymbol{u}(k)\end{bmatrix}\right\} \tag{5.10}$$

根据对称矩阵 $\boldsymbol{Q}(j)$、$\boldsymbol{R}(j)$ 和 $\boldsymbol{S}$ 的定义可以知道 $\boldsymbol{J}(k)$ 为二次型，不妨做出如下假设：

$$\boldsymbol{J}(k)=\begin{bmatrix}\boldsymbol{x}(k)\\ \boldsymbol{u}(k-1)\end{bmatrix}^{\mathrm{T}}\begin{bmatrix}\boldsymbol{L}_1(k) & \boldsymbol{L}_3(k)\\ \boldsymbol{L}_3^{\mathrm{T}}(k) & \boldsymbol{L}_2(k)\end{bmatrix}\begin{bmatrix}\boldsymbol{x}(k)\\ \boldsymbol{u}(k-1)\end{bmatrix} \tag{5.11}$$

显然，矩阵 $\begin{bmatrix} \boldsymbol{L}_1(k) & \boldsymbol{L}_3(k) \\ \boldsymbol{L}_3^{\mathrm{T}}(k) & \boldsymbol{L}_2(k) \end{bmatrix}$ 为半正定矩阵。将假设（5.11）代入目标函数（5.10），可以得到如下目标函数表达式：

$$\boldsymbol{J}(k)=\min_{\boldsymbol{u}(k)}\left\{\begin{aligned}&\begin{bmatrix}\boldsymbol{x}(k+1)\\ \boldsymbol{u}(k)\end{bmatrix}^{\mathrm{T}}\begin{bmatrix}\boldsymbol{L}_1(k+1) & \boldsymbol{L}_3(k+1)\\ \boldsymbol{L}_3^{\mathrm{T}}(k+1) & \boldsymbol{L}_2(k+1)\end{bmatrix}\begin{bmatrix}\boldsymbol{x}(k+1)\\ \boldsymbol{u}(k)\end{bmatrix}\\ &+\begin{bmatrix}\boldsymbol{x}(k)\\ \boldsymbol{u}(k)\end{bmatrix}^{\mathrm{T}}\begin{bmatrix}\boldsymbol{Q}(k) & 0\\ 0 & \boldsymbol{R}(k)\end{bmatrix}\begin{bmatrix}\boldsymbol{x}(k)\\ \boldsymbol{u}(k)\end{bmatrix}\end{aligned}\right\} \tag{5.12}$$

将离散状态方程（5.7）代入目标函数（5.12），可以得到如下所示的目标函数 $\boldsymbol{J}(k)$ 的具体表达式：

$$\boldsymbol{J}(k)=\min_{\boldsymbol{u}(k)}\left\{\begin{aligned}&\boldsymbol{x}^{\mathrm{T}}(k)\left[\boldsymbol{\Phi}^{\mathrm{T}}\boldsymbol{L}_1(k+1)\boldsymbol{\Phi}+\boldsymbol{Q}(k)\right]\boldsymbol{x}(k)\\ &+2\boldsymbol{x}^{\mathrm{T}}(k)\boldsymbol{\Phi}^{\mathrm{T}}\left[\boldsymbol{L}_1(k+1)\boldsymbol{\Gamma}(\tau(k))+\boldsymbol{L}_3(k+1)\right]\boldsymbol{u}(k)\\ &+2\boldsymbol{x}^{\mathrm{T}}(k)\boldsymbol{\Phi}^{\mathrm{T}}\boldsymbol{L}_1(k+1)\boldsymbol{\Psi}(\tau(k))\boldsymbol{u}(k-1)\\ &+\boldsymbol{u}^{\mathrm{T}}(k)\begin{bmatrix}\boldsymbol{\Gamma}^{\mathrm{T}}(\tau(k))\boldsymbol{L}_1(k+1)\boldsymbol{\Gamma}(\tau(k))+\boldsymbol{R}(k)+\boldsymbol{L}_2(k+1)\\ +\boldsymbol{\Gamma}^{\mathrm{T}}(\tau(k))\boldsymbol{L}_3(k+1)+\boldsymbol{L}_3^{\mathrm{T}}(k+1)\boldsymbol{\Gamma}(\tau(k))\end{bmatrix}\boldsymbol{u}(k)\\ &+2\boldsymbol{u}^{\mathrm{T}}(k-1)\boldsymbol{\Psi}^{\mathrm{T}}(\tau(k))\left[\boldsymbol{L}_1(k+1)\boldsymbol{\Gamma}(\tau)+\boldsymbol{L}_3(k+1)\right]\boldsymbol{u}(k)\\ &+\boldsymbol{u}^{\mathrm{T}}(k-1)\boldsymbol{\Psi}^{\mathrm{T}}(\tau(k))\boldsymbol{L}_1(k+1)\boldsymbol{\Psi}(\tau(k))\boldsymbol{u}(k-1)\end{aligned}\right\} \tag{5.13}$$

为了方便表述，引入以下变量：

$$\begin{aligned}\boldsymbol{M}(k)=&\boldsymbol{\Gamma}^{\mathrm{T}}(\tau(k))\boldsymbol{L}_1(k+1)\boldsymbol{\Gamma}(\tau(k))+\boldsymbol{R}(k)+\boldsymbol{L}_2(k+1)\\ &+\boldsymbol{\Gamma}^{\mathrm{T}}(\tau(k))\boldsymbol{L}_3(k+1)+\boldsymbol{L}_3^{\mathrm{T}}(k+1)\boldsymbol{\Gamma}(\tau(k))\end{aligned}$$

$$\boldsymbol{N}(k)=\boldsymbol{L}_1(k+1)\boldsymbol{\Gamma}(\tau(k))+\boldsymbol{L}_3(k+1)$$

$$\begin{aligned}\boldsymbol{W}(k)=&\boldsymbol{x}^{\mathrm{T}}(k)\left[\boldsymbol{\Phi}^{\mathrm{T}}\boldsymbol{L}_1(k+1)\boldsymbol{\Phi}+\boldsymbol{Q}(k)\right]\boldsymbol{x}(k)\\ &+2\boldsymbol{x}^{\mathrm{T}}(k)\boldsymbol{\Phi}^{\mathrm{T}}\boldsymbol{N}(k)\boldsymbol{u}(k)+2\boldsymbol{x}^{\mathrm{T}}(k)\boldsymbol{\Phi}^{\mathrm{T}}\boldsymbol{L}_1(k+1)\boldsymbol{\Psi}(\tau(k))\boldsymbol{u}(k-1)\\ &+\boldsymbol{u}^{\mathrm{T}}(k)\boldsymbol{M}(k)\boldsymbol{u}(k)+2\boldsymbol{u}^{\mathrm{T}}(k-1)\boldsymbol{\Psi}^{\mathrm{T}}(\tau(k))\boldsymbol{N}(k)\boldsymbol{u}(k)\\ &+\boldsymbol{u}^{\mathrm{T}}(k-1)\boldsymbol{\Psi}^{\mathrm{T}}(\tau(k))\boldsymbol{L}_1(k+1)\boldsymbol{\Psi}(\tau(k))\boldsymbol{u}(k-1)\end{aligned} \tag{5.14}$$

将变量 $\boldsymbol{W}(k)$ 代入目标函数，可以得到如下目标函数的简洁表达式：

$$J(k)=\min_{u(k)}[W(k)] \tag{5.15}$$

在表达式$W(k)$两边同时对控制信号$u(k)$进行求导，可以得到如下所示的$W(k)$的导数表达式：

$$\frac{\mathrm{d}W(k)}{\mathrm{d}u(k)}=2N^{\mathrm{T}}(k)\Phi x(k)+2M(k)u(k)+2N^{\mathrm{T}}(k)\Psi(\tau(k))u(k-1) \tag{5.16}$$

对导数表达式（5.16）两边同时再次对$u(k)$求导数，可以得到如下所示的$W(k)$的二次导数表达式：

$$\begin{aligned}\frac{\mathrm{d}^2W(k)}{\mathrm{d}u^2(k)}&=2M(k)\\&=2R(k)+2\begin{bmatrix}\Gamma(\tau(k))\\I\end{bmatrix}^{\mathrm{T}}\begin{bmatrix}L_1(k+1) & L_3(k+1)\\L_3^{\mathrm{T}}(k+1) & L_2(k+1)\end{bmatrix}\begin{bmatrix}\Gamma(\tau(k))\\I\end{bmatrix}\end{aligned} \tag{5.17}$$

式中，I为适当维数的单位阵。考虑到矩阵$\begin{bmatrix}L_1(k) & L_3(k)\\L_3^{\mathrm{T}}(k) & L_2(k)\end{bmatrix}$和$R(k)$的定义，根据矩阵理论的正定性原理，很容易判断$W(k)$的二次导数具有正定性，即有如下矩阵不等式成立：

$$\frac{\mathrm{d}^2W(k)}{\mathrm{d}u^2(k)}\geqslant 0 \tag{5.18}$$

根据导数与极大值和极小值的关系可以知道，$W(k)$具有极小值，令$W(k)$的一阶导数（5.16）等于零，就可以解出令$W(k)$取得极小值时的控制信号$u(k)$，其表达式如下所示：

$$\begin{aligned}u(k)&=-M^{-1}(k)N^{\mathrm{T}}(k)[\Phi\quad\Psi(\tau(k))]\begin{bmatrix}x(k)\\u(k-1)\end{bmatrix}\\&=-F(k)X(k)\end{aligned} \tag{5.19}$$

式中，基于动态规划的最优状态反馈控制矩阵$F(k)=M^{-1}(k)N^{\mathrm{T}}(k)[\Phi\quad\Psi(\tau(k))]$，定义增广状态向量$X(k)=\begin{bmatrix}x(k)\\u(k-1)\end{bmatrix}$。将解最优状态反馈控制矩阵（5.19）代回目标函数（5.15），可以得到如下所示的目标函数在确定控制信号以后的最终表达式：

$$J(k)=\begin{bmatrix}x(k)\\u(k-1)\end{bmatrix}^{\mathrm{T}}\begin{bmatrix}\Lambda_{11}(k) & \Lambda_{12}(k)\\\Lambda_{21}(k) & \Lambda_{22}(k)\end{bmatrix}\begin{bmatrix}x(k)\\u(k-1)\end{bmatrix} \tag{5.20}$$

其中，

$$\boldsymbol{\Lambda}_{11}(k)=\boldsymbol{\Phi}^{\mathrm{T}}\boldsymbol{L}_1(k+1)\boldsymbol{\Phi}+\boldsymbol{Q}(k)-\boldsymbol{\Phi}^{\mathrm{T}}\boldsymbol{N}(k)\boldsymbol{M}^{-1}(k)\boldsymbol{N}^{\mathrm{T}}(k)\boldsymbol{\Phi}$$

$$\boldsymbol{\Lambda}_{12}(k)=\boldsymbol{\Phi}^{\mathrm{T}}\boldsymbol{L}_1(k+1)\boldsymbol{\Psi}(\tau(k))-\boldsymbol{\Phi}^{\mathrm{T}}\boldsymbol{N}(k)\boldsymbol{M}^{-1}(k)\boldsymbol{N}^{\mathrm{T}}(k)\boldsymbol{\Psi}(\tau(k))$$

$$\boldsymbol{\Lambda}_{21}(k)=\boldsymbol{\Psi}^{\mathrm{T}}(\tau(k))\boldsymbol{L}_1(k+1)\boldsymbol{\Phi}-\boldsymbol{\Psi}^{\mathrm{T}}(\tau(k))\boldsymbol{N}(k)\boldsymbol{M}^{-1}(k)\boldsymbol{N}^{\mathrm{T}}(k)\boldsymbol{\Phi}$$

$$\boldsymbol{\Lambda}_{22}(k)=\boldsymbol{\Psi}^{\mathrm{T}}(\tau(k))\boldsymbol{L}_1(k+1)\boldsymbol{\Psi}(\tau(k))-\boldsymbol{\Psi}^{\mathrm{T}}(\tau(k))\boldsymbol{N}(k)\boldsymbol{M}^{-1}(k)\boldsymbol{N}^{\mathrm{T}}(k)\boldsymbol{\Psi}(\tau(k))$$

比较目标函数表达式（5.11）和表达式（5.20），可得到如下所示的参数递推公式：

$$\begin{aligned}
\boldsymbol{L}_1(k)&=\boldsymbol{\Phi}^{\mathrm{T}}\boldsymbol{L}_1(k+1)\boldsymbol{\Phi}+\boldsymbol{Q}(k)-\boldsymbol{\Phi}^{\mathrm{T}}\boldsymbol{N}(k)\boldsymbol{M}^{-1}(k)\boldsymbol{N}^{\mathrm{T}}(k)\boldsymbol{\Phi}\\
\boldsymbol{L}_2(k)&=\boldsymbol{\Psi}^{\mathrm{T}}(\tau(k))\boldsymbol{L}_1(k+1)\boldsymbol{\Psi}(\tau(k))-\boldsymbol{\Psi}^{\mathrm{T}}(\tau(k))\boldsymbol{N}(k)\boldsymbol{M}^{-1}(k)\boldsymbol{N}^{\mathrm{T}}(k)\boldsymbol{\Psi}(\tau(k))\\
\boldsymbol{L}_3(k)&=\boldsymbol{\Phi}^{\mathrm{T}}\boldsymbol{L}_1(k+1)\boldsymbol{\Psi}(\tau(k))-\boldsymbol{\Phi}^{\mathrm{T}}\boldsymbol{N}(k)\boldsymbol{M}^{-1}(k)\boldsymbol{N}^{\mathrm{T}}(k)\boldsymbol{\Psi}(\tau(k))
\end{aligned}\tag{5.21}$$

以下给出求矩阵 $\boldsymbol{L}_1(k)$、$\boldsymbol{L}_2(k)$ 和 $\boldsymbol{L}_3(k)$ 的边界矩阵 $\boldsymbol{L}_1(N)$、$\boldsymbol{L}_2(N)$ 和 $\boldsymbol{L}_3(N)$ 的方法，其中，k 代表第 k 个采样周期，N 代表第 N 个采样周期，也是最后一个采样周期。由目标函数式（5.9）可知，在终端，即在控制完成的最后一个采样周期中，目标函数具有如下所示的形式：

$$\boldsymbol{J}(N)=\boldsymbol{x}^{\mathrm{T}}(N)\boldsymbol{S}\boldsymbol{x}(N)\tag{5.22}$$

同时，将时间标签 N 代入目标函数的二次型表达式（5.11），可以得到如下所示的第 N 个采样周期终端目标函数二次型表达式：

$$\boldsymbol{J}(N)=\begin{bmatrix}\boldsymbol{x}(N)\\ \boldsymbol{u}(N-1)\end{bmatrix}^{\mathrm{T}}\begin{bmatrix}\boldsymbol{L}_1(N) & \boldsymbol{L}_3(N)\\ \boldsymbol{L}_3^{\mathrm{T}}(N) & \boldsymbol{L}_2(N)\end{bmatrix}\begin{bmatrix}\boldsymbol{x}(N)\\ \boldsymbol{u}(N-1)\end{bmatrix}\tag{5.23}$$

考虑终端目标函数（5.22）和目标函数的二次型表达式（5.23），令二者对应项相等，可以得到矩阵 $\boldsymbol{L}_1(k)$、$\boldsymbol{L}_2(k)$ 和 $\boldsymbol{L}_3(k)$ 的边界值如下所示：

$$\begin{aligned}
\boldsymbol{L}_1(N)&=S\\
\boldsymbol{L}_2(N)&=0\\
\boldsymbol{L}_3(N)&=0
\end{aligned}\tag{5.24}$$

其中，0 为适当维数的零矩阵。

下面将以上数学推导过程进行总结，给出基于动态规划的网络控制系统最优状态反馈控制器设计方法。

定理 5.1：对网络传输延时小于采样周期，即 $\tau(k)<h$ 的离散控制对象

(5.7) 设计网络控制系统最优状态反馈控制器。假设所有的状态信息均可通过观测器获得，则最优状态反馈控制律（5.19）可以使目标函数（5.9）达到最小值。其中，矩阵 $\boldsymbol{L}_1(k)$、$\boldsymbol{L}_2(k)$ 和 $\boldsymbol{L}_3(k)$ 由递推公式（5.21）和边界矩阵计算公式（5.24）在线实时计算得到。

5.2.2 存在的问题

动态规划最优化方法在网络控制系统中的应用与其在传统的定常系统中的应用相比较，有以下不同之处。

① 矩阵 $\boldsymbol{L}(k)=\begin{bmatrix}\boldsymbol{L}_1(k) & \boldsymbol{L}_3(k)\\ \boldsymbol{L}_3^{\mathrm{T}}(k) & \boldsymbol{L}_2(k)\end{bmatrix}$ 的计算。在传统的定常系统中，可以离线计算矩阵 $\boldsymbol{L}(k)$，并且矩阵 $\boldsymbol{L}(k)$ 收敛于一个恒定矩阵 $\boldsymbol{L}$；而在网络控制系统中，系统的离散状态方程（5.7）在每一个采样周期都由当前采样周期的网络传输延时 $\tau(k)$ 决定，即系统的离散方程（5.7）是时变的。在不同的采样周期，矩阵 $\boldsymbol{L}(k)$ 会收敛于不同的矩阵 $\boldsymbol{L}(\tau(k))$，$\boldsymbol{L}(\tau(k))$ 是由网络传输延时 $\tau(k)$ 决定的。

② 最优状态反馈控制器的确定。在传统的定常系统中，基于动态规划方法的最优状态反馈控制器是恒值的，当矩阵 $\boldsymbol{L}(k)$ 的收敛值 $\boldsymbol{L}$ 离线计算出来之后，最优状态反馈控制器就确定了；而在网络控制系统中，最优状态反馈控制器（5.19）是由当前采样周期网络传输延时 $\tau(k)$ 和矩阵 $\boldsymbol{L}(\tau(k))$ 决定的，由于 $\tau(k)$ 的时变性，最优状态反馈控制器也是时变的。

由于以上两点的存在，计算系数矩阵 $\boldsymbol{L}(k)$ 和控制信号时，控制器需要当前采样周期网络传输延时 $\tau(k)$。而当前采样周期网络传输延时是未知的，所以，当动态规划最优化方法应用于网络控制系统时，必须解决网络传输延时 $\tau(k)$ 的确定性问题。确定网络传输延时的基本策略有两个。一个是预测，预测的模型多种多样。一个是人为延长网络传输延时，从而达到可以确定网络传输延时的目的。Nilsson 等首先将动态规划最优化方法引入到网络控制系统领域，并将网络传输延时看成是遵循某一概率分布的随机过程，提出了在网络控制系统中应用动态规划最优化方法的策略。在离散控制系统的框架内，Nilsson 基于随机最优控制理论详细讨论了在各种不同网络传输延时模型下的网络控制系统最优控制策略，将随机网络传输延时对系统的影响归结为一个线性二次型调节器问题。研究给出了网络控制系统随机最优控制问题的性能指标，并应用动态规划方法得到了最优状态反馈控制律。该方法的不足之处在于，假设网络传输延时服从指定的分布，控制器设计依赖于网络传输延时的先验知识。但是，通过 2.1 节对实测网络传输延时的分析可知，网络传输延时的分布并不是简单的正态分布，更不是均匀分布，而且，由于通信网络的负载状况是随时间变化的，间接造成了网络传输延时的分布规律也是随时间变化的，这就要求，使用随机最优控制的网络控制系统能够实时地获得网络传输延时的概率分布模型，而在实际生产生活中，特别是当网络负载变化比较剧烈时，这是比较困难的。

为了解决网络传输延时概率分布模型难以确定的问题，本章接下来的两节将分别采用两种策略实现网络控制系统的动态规划最优状态反馈控制器设计。

5.3　基于执行器节点时间驱动的动态规划最优化方法

5.3.1　基本原理

为了能够确定网络传输延时 $\tau(k)$，通过引入控制信号储存缓冲器，在执行器节点采用时间驱动方式是比较自然的想法。其基本时序如图 5.2 所示，网络传输延时可以分为三个部分，第一部分是传感器到控制器传送传感器数据的网络传输延时，第二部分是控制器计算控制信号的时间，第三部分是控制器到执行器传送控制信号的网络传输延时。在网络控制系统中，不同采样周期的网络传输延时一般是不相同的，如果执行器节点采用事件驱动方法，则执行器在第 $k-1$ 个、第 k 个和第 $k+1$ 个采样周期分别在不同的时刻 $\tau(k-1)$、$\tau(k)$ 和 $\tau(k+1)$ 进行动作。如果执行器节点采用时间驱动方法，统一动作时间设定为 $\tau \in \{\max[\tau(k)], h\}$，则在任何一个采样周期，执行器都在时刻 τ 进行动作。

当执行器节点采用时间驱动方式时，控制信号到达执行器后，执行器不会立刻动作，此时控制信号将存放于执行器节点的缓冲区内，等到由系统时钟控制的指定时间，执行器才会读取控制信号并执行动作。执行器节点采用时间驱动方式，能将随机的、时变的网络传输延时转换成定常、时不变的网络传输延时，由于只需要考虑定常的网络传输延时，将大大地简化控制算法的设计和计算过程。最终，将网络控制系统的线性二次型调节器（linear quadratic regulator，LQR）随机最优控制问题转化为传统的定常系统最优控制问题。该方法使网络控制系统控制器的设计不再需要网络传输延时的先验知识，也不需要对网络传输延时的概率模型进行任何假设。

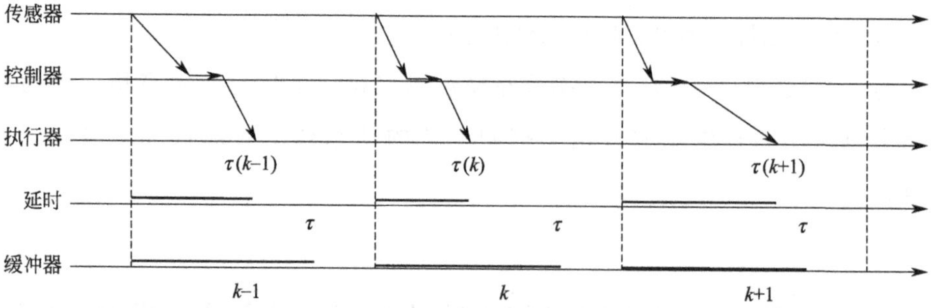

图 5.2　执行器节点时间驱动基本时序图

执行器节点采用时间驱动方式，并在每个采样周期，设定执行器节点动作的时间为 $\tau \in \{\max[\tau(k)],\ h\}$。将不确定的网络传输随机延时 $\tau(k)$ 转化为确定性的网络传输延时 τ，从而，时变随机的系数矩阵 $\boldsymbol{\Gamma}(\tau(k))$ 与 $\boldsymbol{\Psi}(\tau(k))$ 就转化为定常系数矩阵。于是，时变的状态方程（5.7）转化为如下所示的定常离散系统：

$$\begin{aligned} \boldsymbol{x}(k+1) &= \boldsymbol{\Phi x}(k) + \boldsymbol{\Gamma}(\tau)\boldsymbol{u}(k) + \boldsymbol{\Psi}(\tau)\boldsymbol{u}(k-1) \\ \boldsymbol{y}(k) &= \boldsymbol{C x}(k) \end{aligned} \tag{5.25}$$

其中，

$$\begin{aligned} \boldsymbol{\Phi} &= \mathrm{e}^{\boldsymbol{A}h} \\ \boldsymbol{\Gamma}(\tau) &= \left(\int_0^{h-\tau} \mathrm{e}^{\boldsymbol{A}s}\,\mathrm{d}s\right)\boldsymbol{B} \\ \boldsymbol{\Psi}(\tau) &= \left(\int_{h-\tau}^{h} \mathrm{e}^{\boldsymbol{A}s}\,\mathrm{d}s\right)\boldsymbol{B} \end{aligned} \tag{5.26}$$

矩阵 $\boldsymbol{L}(k) = \begin{bmatrix} \boldsymbol{L}_1(k) & \boldsymbol{L}_3(k) \\ \boldsymbol{L}_3^{\mathrm{T}}(k) & \boldsymbol{L}_2(k) \end{bmatrix}$ 的迭代公式（5.21）转化为如下形式：

$$\boldsymbol{L}_1(k) = \boldsymbol{\Phi}^{\mathrm{T}}\boldsymbol{L}_1(k+1)\boldsymbol{\Phi} + \boldsymbol{Q}(k) - \boldsymbol{\Phi}^{\mathrm{T}}\boldsymbol{N}(k)\boldsymbol{M}^{-1}(k)\boldsymbol{N}^{\mathrm{T}}(k)\boldsymbol{\Phi}$$

$$\boldsymbol{L}_2(k)=\boldsymbol{\Psi}^{\mathrm{T}}(\tau)\boldsymbol{L}_1(k+1)\boldsymbol{\Psi}(\tau)-\boldsymbol{\Psi}^{\mathrm{T}}(\tau)\boldsymbol{N}(k)\boldsymbol{M}^{-1}(k)\boldsymbol{N}^{\mathrm{T}}(k)\boldsymbol{\Psi}(\tau)$$

$$\boldsymbol{L}_3(k)=\boldsymbol{\Phi}^{\mathrm{T}}\boldsymbol{L}_1(k+1)\boldsymbol{\Psi}(\tau)-\boldsymbol{\Phi}^{\mathrm{T}}\boldsymbol{N}(k)\boldsymbol{M}^{-1}(k)\boldsymbol{N}^{\mathrm{T}}(k)\boldsymbol{\Psi}(\tau) \tag{5.27}$$

对于定常离散系统（5.25）而言，矩阵 $\boldsymbol{L}$（k）的收敛值 $\boldsymbol{L}$ 可以离线计算获得，不需要在线实时计算，对于控制器的要求不高。最终，控制律（5.19）可以转化为如下形式：

$$\begin{aligned}\boldsymbol{u}(k)&=-\boldsymbol{M}^{-1}(k)\boldsymbol{N}^{\mathrm{T}}(k)\left[\boldsymbol{\Phi}\quad \boldsymbol{\Psi}(\tau)\right]\begin{bmatrix}\boldsymbol{x}(k)\\ \boldsymbol{u}(k-1)\end{bmatrix}\\ &=-\boldsymbol{F}(\tau)\boldsymbol{X}(k)\end{aligned} \tag{5.28}$$

下面将以上数学推导过程进行总结，给出基于动态规划的网络控制系统最优状态反馈控制器设计的一种策略。主要思想是将时变的随机离散控制系统转换为定长离散控制系统，并进行处理。

定理 5.2：对网络传输延时小于采样周期（即 $\tau(k)<h$）的离散控制对象（5.7）设计网络控制系统最优状态反馈控制器。选取时间 $\tau\in\{\max[\tau(k)],\ h\}$ 作为执行器节点的动作时间。假设所有的状态信息均可以通过观测器获得，则最优状态反馈控制律（5.28）可使目标函数（5.9）达到最小值。其中，矩阵 $\boldsymbol{L}(k)$ 可以由递推公式（5.27）和边界矩阵（5.24）离线计算得到。

5.3.2 数值仿真

仿真选用的被控对象数学模型为 4.2 节给出的无刷直流电动机的数学模型（4.8），系统离散化采样周期选择 0.03s，网络传输延时设定为小于单个采样周期，执行器节点采用时间驱动方式。

数值仿真流程如下：

① 设定执行器节点的动作时间 τ，并根据参数定义式（5.26）离线计算出系统参数矩阵 $\boldsymbol{\Phi}$、$\boldsymbol{\Gamma}$（τ）和 $\boldsymbol{\Psi}$（τ）的值。

② 给定权矩阵 $\boldsymbol{Q}$（k）、$\boldsymbol{R}$（k）和 $\boldsymbol{S}$，使用上一步得到的参数 $\boldsymbol{\Phi}$、$\boldsymbol{\Gamma}$（τ）和 $\boldsymbol{\Psi}$（τ）的值，由迭代公式(5.27）递推计算得到矩阵 $\boldsymbol{L}(k)$的收敛值 $\boldsymbol{L}$。

③ 通过基于动态规划方法的最优状态反馈控制器（5.28），求出控制量 $\boldsymbol{u}(k)$。

④ 重复步骤③，直至控制过程结束为止。

由于给定了执行器节点的动作时间 τ，即给定了网络传输延时的大小，所以，在各个采样周期内参数矩阵 $\boldsymbol{\Gamma}(\tau)$ 和 $\boldsymbol{\Psi}(\tau)$ 都是恒定的常数矩阵，矩阵 $\boldsymbol{L}(k)$ 也是常数矩阵。所以，所有参数矩阵只需要离线计算一次即可，对计算机的计算能力要求不高。

图 5.3 给出了基于执行器节点时间驱动的动态规划最优状态反馈控制器应用于无刷直流电机网络控制系统的方波跟踪效果。本例选定的执行器节点动作时间为采样周期的 95%，即 $\tau=0.95\times0.03=0.0285\text{s}$。由图可知，响应曲线很快就能从零上升到给定值，有比较好的动态性能，响应迅速，无超调。当响应曲线达到给定值时，稳态跟踪效果也很好，稳态误差基本上为零。但是在跟踪的某些情况下，出现了一些跟踪信号与给定信号有误差的地方，在图上看，输出曲线有一些凹陷的地方，特别是在 4s 和 4.5s 之间，输出曲线有一个比较明显的下沉，下沉之后在 0.1s 内重新回到了稳定的跟踪状态。这些跟踪效果出现问题的地方是网络传输延时超过了设定延时，由于，在实验中没有人为干涉网络传输延时的大小，采用了实际测量得到的网络传输延时，所以，存在网络传输延时超过了执行器设定的动作时间的情况。这就造成以下问题：当执行器执行动作时，没有当前采样周期的控制信号可以使用，因为网络传输延时过大，控制信号仍然未抵达，所以，此时控制器只能使用上一个采样周期的控制信号来执行动作，这种情况下，动作可能产生较大误差，造成输出结果有明显误差。

图 5.4 同样给出了基于执行器节点时间驱动的动态规划最优状态反馈控制器应用于无刷直流电机网络控制系统的方波跟踪效果。与图 5.3 不同的是，本次实验选定的执行器节点动作时间仅为采样周期的 50%，即 $\tau=0.5\times0.03=0.015\text{s}$。图中，存在更多的相对明显抖动的情况，这是由于这种情况下大量的实际网络传输延时值 $\tau(k)$ 大于由执行器节点设定的动作时间 τ。但是，由于之后网络传输延时值 $\tau(k)$ 又回到了小于执行器节点设定的动作时间 τ 的范围之内，这种输出曲线的抖动很快就可以恢复。总的来说，执行器节点动作时间 τ 设定得越大，这种抖动现象发生的可能性就越小，反之，则越大。当严格遵守 $\tau\in\{\max[\tau(k)],h\}$ 时，就不会出现输出曲线的抖动现象。那么，是否可以尽可能将执行器节点的动作时间 τ 设置得大一些，以保证所有采样周期的网络传输延时都小于执行器节点的动作时间 τ 呢？答案是否定的。执行器节点设置必须选取一个折中值，必须允许一定量的网络传输延时超过执行器节点设置的动作时间。这

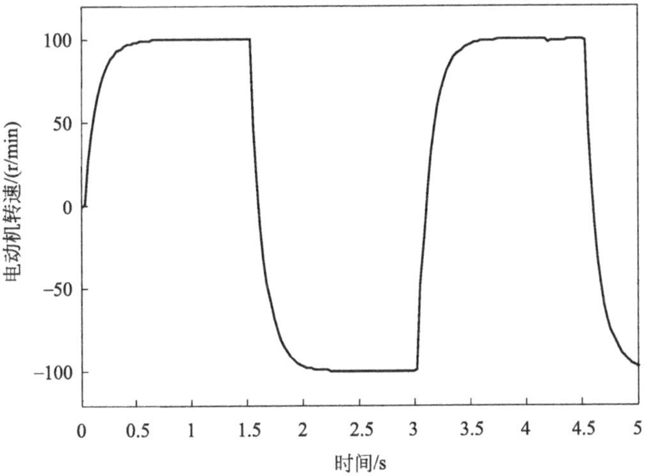

图 5.3　无刷直流电机方波跟踪效果（τ 设为采样周期的 95%）

是因为随着执行器节点动作时间 τ 的增大，系统的响应速度会明显变慢。表 5.1 用以上两次数值仿真的实测数据证明了这一点。表中给出了执行器节点动作时间分别为 $\tau=0.5h$ 和 $\tau=0.95h$ 时的系统动态性能比较，数据表明，执行器节点动作时间 τ 设计得越大，上升速度越慢，系统的响应时间越长。其中，h 代表一个采样周期的时长。

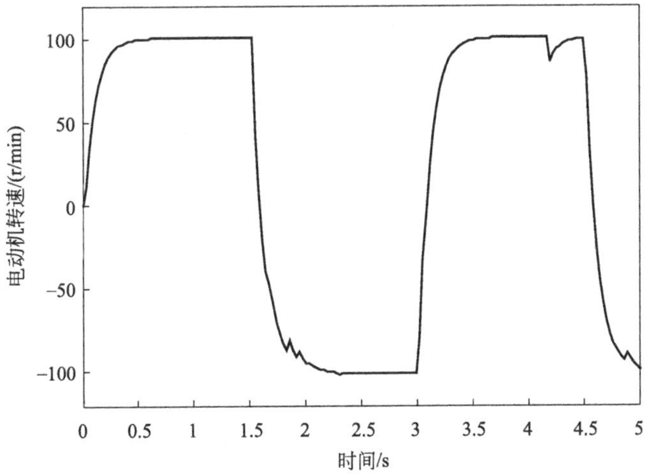

图 5.4　无刷直流电机方波跟踪效果（τ 设为采样周期的 50%）

表 5.1 $\tau=0.5h$ 和 $\tau=0.95h$ 的系统输出数据比较（单位：r/min）

时间	$\tau=0.5h$	$\tau=0.95h$	时间	$\tau=0.5h$	$\tau=0.95h$
h	10.965	0.311	$6h$	79.668	73.493
$2h$	33.602	26.280	$7h$	84.955	79.504
$3h$	50.514	42.343	$8h$	88.910	84.144
$4h$	63.148	55.636	$9h$	91.869	87.724
$5h$	72.599	65.690	$10h$	94.081	90.487

所以，当执行器节点的动作时间 τ 设置过长，会影响控制系统的动态响应速度；当执行器节点的动作时间 τ 设置过短，会影响控制系统的稳态跟踪效果。其大小需要综合考虑动态性能和稳态性能，实验求取。

5.4 基于网络传输延时在线预测的动态规划最优化方法

5.4.1 基本原理

本节引入 2.2 节中介绍的带有时间戳的线性神经网络，在每一个采样周期在线实时对当前采样周期的网络传输延时值进行预测，并使用网络传输延时预测值 $\hat{\tau}(k)$ 代替网络传输延时值 $\tau(k)$ 。此时，对于当前采样周期来说，时变控制系统 (5.7) 就转化为如下所示的定常离散系统：

$$\begin{gathered}\boldsymbol{x}(k+1)=\boldsymbol{\Phi}x(k)+\boldsymbol{\Gamma}(\hat{\tau}(k))\boldsymbol{u}(k)+\boldsymbol{\Psi}(\hat{\tau}(k))\boldsymbol{u}(k-1)\\ \boldsymbol{y}(k)=\boldsymbol{C}\boldsymbol{x}(k)\end{gathered} \tag{5.29}$$

其中，

$$\begin{gathered}\boldsymbol{\Phi}=\mathrm{e}^{\boldsymbol{A}h}\\ \boldsymbol{\Gamma}(\hat{\tau}(k))=\left(\int_0^{h-\hat{\tau}(k)}\mathrm{e}^{\boldsymbol{A}s}\,\mathrm{d}s\right)\boldsymbol{B}\\ \boldsymbol{\Psi}(\hat{\tau}(k))=\left(\int_{h-\hat{\tau}(k)}^{h}\mathrm{e}^{\boldsymbol{A}s}\,\mathrm{d}s\right)\boldsymbol{B}\end{gathered} \tag{5.30}$$

矩阵 $\boldsymbol{L}(k)=\begin{bmatrix}\boldsymbol{L}_1(k) & \boldsymbol{L}_3(k)\\ \boldsymbol{L}_3^{\mathrm{T}}(k) & \boldsymbol{L}_2(k)\end{bmatrix}$ 的迭代公式(5.21) 转换为如下形式：

$$
\begin{aligned}
&\boldsymbol{L}_1(k)=\boldsymbol{\Phi}^{\mathrm{T}}\boldsymbol{L}_1(k+1)\boldsymbol{\Phi}+\boldsymbol{Q}(k)-\boldsymbol{\Phi}^{\mathrm{T}}\boldsymbol{N}(k)\boldsymbol{M}^{-1}(k)\boldsymbol{N}^{\mathrm{T}}(k)\boldsymbol{\Phi}\\
&\boldsymbol{L}_2(k)=\boldsymbol{\Psi}^{\mathrm{T}}(\hat{\tau}(k))\boldsymbol{L}_1(k+1)\boldsymbol{\Psi}(\hat{\tau}(k))-\boldsymbol{\Psi}^{\mathrm{T}}(\hat{\tau}(k))\boldsymbol{N}(k)\boldsymbol{M}^{-1}(k)\boldsymbol{N}^{\mathrm{T}}(k)\boldsymbol{\Psi}(\hat{\tau}(k))\\
&\boldsymbol{L}_3(k)=\boldsymbol{\Phi}^{\mathrm{T}}\boldsymbol{L}_1(k+1)\boldsymbol{\Psi}(\hat{\tau}(k))-\boldsymbol{\Phi}^{\mathrm{T}}\boldsymbol{N}(k)\boldsymbol{M}^{-1}(k)\boldsymbol{N}^{\mathrm{T}}(k)\boldsymbol{\Psi}(\hat{\tau}(k))
\end{aligned}
\tag{5.31}
$$

在每一个采样周期，控制系统（5.29）都是由当前采样周期网络传输延时预测值 $\hat{\tau}(k)$决定的定常系统，所以，可以利用迭代公式（5.31），在每一个采样周期内计算矩阵 $\boldsymbol{L}$（k）的收敛值 $\hat{\boldsymbol{L}}$（k）。由于网络传输延时的预测是一步超前预测，$\hat{\boldsymbol{L}}(k)$的计算过程只能实时在线完成，不能离线进行计算。最终，最优控制律（5.19）可以转换为如下形式：

$$
\begin{aligned}
\boldsymbol{u}(k)&=-\boldsymbol{M}^{-1}(k)\boldsymbol{N}^{\mathrm{T}}(k)\begin{bmatrix}\boldsymbol{\Phi} & \boldsymbol{\Psi}(\hat{\boldsymbol{\tau}}(k))\end{bmatrix}\begin{bmatrix}\boldsymbol{x}(k)\\ \boldsymbol{u}(k-1)\end{bmatrix}\\
&=-\boldsymbol{F}(\hat{\tau}(k))\boldsymbol{X}(k)
\end{aligned}
\tag{5.32}
$$

下面将以上数学推导过程进行总结，给出基于动态规划的网络控制系统最优状态反馈控制器设计的一种策略。主要思想是采用线性神经网络对当前采样周期的网络传输延时进行实时在线预测，并使用网络传输延时预测值将时变的随机离散控制系统转换为定长离散控制系统，并进行处理。

定理 5.3： 对网络传输延时小于采样周期［即 $\tau(k)<h$］的离散控制对象（5.7）设计网络控制系统最优状态反馈控制器。采用带有时间戳的线性神经网络实时在线预测网络传输延时，得到网络传输延时预测值 $\hat{\tau}(k)$，并用其代替实际网络传输延时值 $\tau(k)$，在每一个采样周期，控制系统变换为由网络传输延时预测值 $\hat{\tau}(k)$ 决定的线性定常系统（5.29）。假设所有的状态信息均可以通过观测器获得，则最优状态反馈控制律（5.32）可使目标函数（5.9）达到最小值。其中，矩阵 $\boldsymbol{L}(k)$ 由递推公式（5.31）和边界矩阵（5.24）在线实时计算得到。

5.4.2　数值仿真

数值仿真选用的被控对象为 4.2 节给出的无刷直流电动机（4.8），系统离散化采样周期选择 0.03s，网络传输延时设定为小于单个采样周期。

数值仿真流程如下：

① 根据实际测量得到的历史网络传输延时数据，利用带有时间戳的线性神经网络预测当前采样周期的网络传输延时，得到网络传输延时预测值 $\hat{\tau}(k)$。

② 采用得到的网络传输延时预测值 $\hat{\tau}(k)$，根据式（5.30）计算当前采样周期系统基本参数矩阵 $\boldsymbol{\Phi}$、$\boldsymbol{\Gamma}(\hat{\tau}(k))$ 和 $\boldsymbol{\Psi}(\hat{\tau}(k))$ 的值，从而得到当前采样周期的定常系统（5.29）。

③ 给定权矩阵 $\boldsymbol{Q}(k)$、$\boldsymbol{R}(k)$ 和 $\boldsymbol{S}$，使用上一步得到的参数矩阵 $\boldsymbol{\Phi}$、$\boldsymbol{\Gamma}(\hat{\tau}(k))$ 和 $\boldsymbol{\Psi}(\hat{\tau}(k))$ 的值，由递推公式（5.31）递推计算得到矩阵 $\boldsymbol{L}(k)$ 在当前采样周期的收敛值 $\hat{\boldsymbol{L}}(k)$。

④ 通过基于动态规划方法的最优状态反馈控制器的表达式（5.32），求出当前采样周期的控制量 $\boldsymbol{u}(k)$。

⑤ 重复步骤①至步骤④，直至控制过程结束为止。

图 5.5 给出了基于网络传输延时在线预测的动态规划最优状态反馈控制器在无刷直流电机网络控制系统中的应用。由图可知，响应曲线很快就能从零上升到给定值，且无超调，控制系统有比较好的动态性能。系统稳定后，系统输出能稳定跟踪输入值，有比较好的静态性能。

表 5.2 给出了基于网络传输延时在线预测的动态规划最优状态反馈控制器与基于执行器节点时间驱动的动态规划最优状态反馈控制器动态性能的比较。基于执行器节点时间驱动的动态规划最优状态反馈控制器的执行器动作时间选择为 $\tau = 0.95h$，以满足 $\tau \in \{\max[\tau(k)], h\}$，使输出不会出现抖动。

表 5.2　两种动态规划最优状态反馈控制器动态性能比较　　r/min

时间	时间驱动（$\tau = 0.95h$）	延时预测	时间	时间驱动（$\tau = 0.95h$）	延时预测
h	0.311	7.234	$6h$	73.493	78.40
$2h$	26.280	30.83	$7h$	79.504	84.30
$3h$	42.343	48.38	$8h$	84.144	88.82
$4h$	55.636	61.68	$9h$	87.724	91.95
$5h$	65.690	71.30	$10h$	90.487	94.18

由表 5.2 可知，基于网络传输延时在线预测的动态规划最优状态反馈控制器

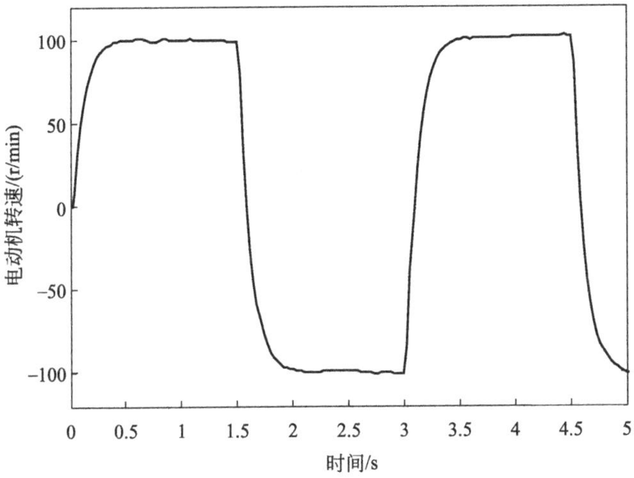

图 5.5　无刷直流电机方波跟踪效果（采用网络传输延时预测）

的动态性能要好于基于执行器节点时间驱动（$\tau=0.95h$）的动态规划最优状态反馈控制器，主要表现为响应速度更快。考虑表 5.1 可知，基于网络传输延时在线预测的动态规划最优状态反馈控制器的动态性能与基于执行器节点时间驱动（$\tau=0.5h$）的动态规划最优状态反馈控制器比较接近，但是，基于网络传输延时在线预测的动态规划最优状态反馈控制器的控制效果不存在如图 5.4 中所示的强烈的抖动现象，其静态特性明显好于基于执行器节点时间驱动（$\tau=0.5h$）的动态规划最优状态反馈控制器。

5.5　小结

本章主要研究了利用动态规划技术设计网络控制系统的最优状态反馈控制器的方法。首先，回顾了动态规划方法的基本概念，介绍了离散动态规划方法的核心内容——最优化原理。其次，针对小延时（$\tau<h$）网络控制系统，指出基于动态规划方法的最优状态反馈控制器设计的主要问题——控制系统中随机、时变的网络传输延时使网络控制系统成为不确定时变系统。再次，针对随机网络传输延时的存在，提出了两种策略设计动态规划最优状态反馈控制器——基于执行器节点时间驱动的动态规划最优状态反馈控制器和基于网络传输延时在线预测的动

态规划最优状态反馈控制器。两种策略的共性是将时变的网络控制系统转化为定常控制系统，进而应用动态规划思想设计控制器。不同之处在于，基于执行器节点时间驱动的动态规划方法是通过引入控制信号储存缓冲器，人为地延长网络传输延时至某一设定值，以达到将时变系统转化为定常系统的目的；而基于网络传输延时在线预测的动态规划方法则是通过采用带有时间戳的线性神经网络，对网络传输延时进一步在线实时预测，并用预测值代替实际值，使系统在每个采样周期内都可以转化为定常系统。最后，数值仿真结果验证了两种策略的可行性。

一般情况下，为了保证 $\tau \in \{\max[\tau(k)], h\}$ ，基于执行器节点时间驱动的动态规划方法要选取较大的执行器动作时间 τ ，人为地延长了网络传输延时，必然对系统的动态性能有一定的负面影响；基于网络传输延时在线预测的动态规划方法则没有这一问题。相对于满足 $\tau \in \{\max[\tau(k)], h\}$ 的基于执行器节点时间驱动的动态规划方法，基于网络传输延时在线预测的动态规划方法响应速度更快。这两种策略共同的优点是：不需要网络传输延时先验知识，更不需要对网络负载状况进行任何假设。数值仿真结果表明：两种动态规划最优状态反馈控制器设计策略都可以具有良好的动、静态性能。

第6章

总结与展望

6.1 总结

网络控制系统是指被控对象与控制器之间通过网络连接成的闭环系统。网络控制系统以网络作为信息传输介质，实现传感器节点、控制器节点和执行器节点等系统部件之间的数据交换。网络控制系统可以实现资源共享、远程检测和远程控制。基于工业以太网和现场总线技术的控制系统都可以看成是一种狭义的网络控制系统；广义的网络控制系统不但包括了狭义网络控制系统，而且还包括通过企业网、城域网和 Internet 等实现对被控对象的信息传输、远程控制和远程检测等。

本书着重研究网络控制系统的控制策略，创新之处和主要研究成果如下：

① 对具有不确定性的、有界的网络传输延时的离散网络控制系统进行建模，分别建立了基于状态反馈和输出反馈的闭环网络控制系统离散数学模型。利用 Lyapunov-Krasovskii 定理，分别对状态反馈和输出反馈闭环网络控制系统进行了稳定性分析，并讨论了使系统渐近稳定和满足 H_∞ 性能指标 γ 的状态反馈控制器的设计方法。在稳定性分析和镇定策略设计过程中，采用了更简练的 Lyapunov 泛函和与牛顿-莱布尼茨公式相对应的离散形式的零等式作为上限约束技术，并通过带约束的自由权矩阵来消除计算 Lyapunov 泛函的差分时产生的求和项，有效地降低了系统稳定性分析的保守性，改善了系统运行性能，具有一定的实用性和新意。

② 以无刷直流电机网络控制调速系统为研究对象，详细地研究了 Narendra

模型参考自适应控制策略和基于网络传输延时在线预测的模型参考自适应控制策略，给出了控制器设计方法和仿真实验结果。对两类控制策略的基本原理、综合方法和各自的优缺点进行了分析与比较，指出了两种控制策略的适用范围，为使用者提供了一种选择的思路。

③ 针对网络控制系统中网络传输延时的不确定性和时变性，给出了基于动态规划的网络控制系统最优状态反馈控制器的两种设计方法。基于执行器节点时间驱动方式的动态规划方法，引入控制信号储存缓冲器，通过设定较长的执行器动作时间，人为地延长网络传输延时，在系统稳定性分析和系统设计中均属保守，影响了系统的动态运行性能；基于网络传输延时在线预测的动态规划方法，引入带有时间戳的线性神经网络，对网络传输延时进行实时预测，并用预测值代替其实际值。在此基础上，设计了基于动态规划的最优状态反馈控制器。这种方法既能精确地计入网络传输延时，又能合理地处理网络传输的不确定性和时变性，具有一定的特色与创新。

6.2 展望

网络控制系统是网络通信技术、传感器技术和控制理论等学术领域的交叉学科，是计算机控制系统的重要发展方向。控制领域学者通常着重研究网络控制系统的控制策略和控制技术，以期提高控制系统的动、静态性能；通信领域学者研究的内容主要是设计合适的通信协议和调度方法，以期提高网络本身的服务质量。未来控制与通信的一体化是一个重要趋势。

尽管在过去的二十年里，网络控制系统一直作为一种热点课题被广泛研究与应用，并且已经取得了许多理论和实际成果，然而，在网络控制系统领域未来的研究工作中，仍然存在许多有挑战性的问题和未解决的问题需要研究。例如，网络控制系统的安全问题和控制用通信协议的开发。

安全问题：任何网络媒介，特别是正在得到巨大发展的无线网络媒介，都有被非法硬件截入和软件入侵的可能，网络控制系统的安全问题已经成为了一个新的重要课题。高效并且可扩展的入侵检测系统（intrusion dectection systems，IDS）是未来网络控制系统的必备组成部分。Tsang 等提出了一种高效的多智能体 IDS，用于对工业生产对象的网络基础设施进行保护；Creery 等则提出了一种确定并且修补网络控制系统漏洞的方法，以应对存在于网络中的无意和恶意的攻击；除此以外，对网络控制系统安全性的分析及安全性对控制系统性能的影响也是重要的研究方向。总的来说，从控制系统的角度对信息安全问题的研究还刚刚起步，仍有巨大的发展空间。

协议开发问题：除了控制策略的开发和优化，提升网络控制系统性能的另一个方向是建立新的协议和修改旧的协议，来增强系统的适应性，使网络传输延时对系统的影响变小。Pj Radcliffe 等提出的微处理器间通信延时无关的异步（time independent asynochronous，TIA）协议，对于各种对网络传输延时敏感的应用都是有效的。

参考文献

[1] 高为炳，霍伟．控制理论的发展与现状——兼论复杂系统与智能控制［J］．控制理论与应用，1994，11（1）：99-102.

[2] 张庆灵，邱占芝．网络控制系统［M］．北京：科学出版社，2007.

[3] 关守平，周玮，尤富强．网络控制系统与应用［M］．北京：电子工业出版社，2008.

[4] 邱占芝，张庆灵．网络控制系统分析与控制［M］．北京：科学出版社，2009.

[5] 王岩，孙增圻．网络控制系统分析与设计［M］．北京：清华大学出版社，2009.

[6] HALEVI Y，RAY A. Integrated communication and control systems：Part I analysis［J］. Journal of dynamic systems，measurement，and control，1988，110（4）：367-373.

[7] WALSH G C，YE H，BUSHNELL L. Stability analysis of networked control systems［C］. Proceedings of the American control conference，1999：2876-2880.

[8] OZGUNER U，GOKTAS H，ChAN H，et al. Automotive suspension control through a computer communication network［C］. IEEE conference on control applications，1992，895-900.

[9] BOUSTANY N，FOLKERTS M，RAO K，et al. A simulation based methodology for analyzing network-based intelligent vehicle control systems［C］. Intelligent vehicles symposium，1992：138-143.

[10] ZAHR K，SLIVINSKY C. Delay in multivariable computer controlled linear systems［J］. IEEE transactions on automatic control，1974，19（4）：442-443.

[11] RAY A. Distributed data communication networks for real-time process control［J］. Chemical engineering communications，1988，65：139-154.

[12] RAY A，HONG S，LEE S. Discrete-event/continuous-time simulation of distributed data communication and control systems［J］. Transactions of the society for computer simulation，1988，5：71-85.

[13] HIRAI K，SATOH Y. Stability of a system with variable time delay［J］. IEEE transactions on automatic control，1980，25（3）：552-554.